トランジスタ技術
SPECIAL
2016 Winter No.133

今すぐUSBマイコンArduinoと今すぐプログラムで収集・解析・制御

研究室で役立つ
パソコン計測アナログ回路集

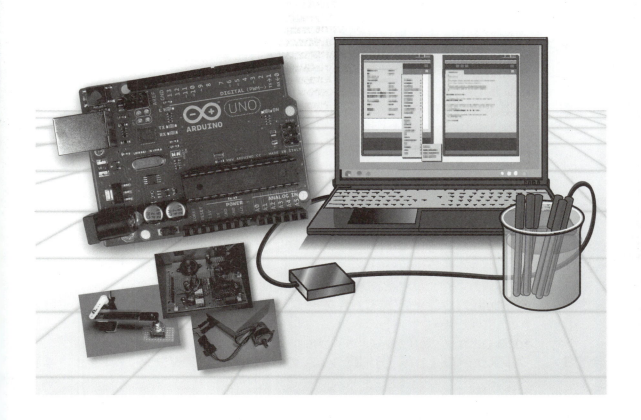

CQ出版社

トランジスタ技術 SPECIAL

2016 Winter
No.133

特集　研究室で役立つパソコン計測アナログ回路集

監修　二上 貴夫

Introduction	データ収集・制御は学生マイコン Arduino でサクッと！ **生物 / 化学系から機械 / 物理系まで！ 電子計測の応用分野は無限大**　　二上 貴夫	4
Appendix 1	電子回路は分野の垣根を超える **本書で解説する実験・計測用アダプタの応用先**　　二上 貴夫	7

第1部　USBマイコン・ボード Arduino でデータ収集・制御

第1章	パソコンへのデータ取り込みや制御も楽勝 **誰でもマイコン・ボード Arduino 入門**　　島田 義人 ■ Arduino はココがいい　　■ Arduino にはいろいろある Column 1　Arduino はそのままではユニバーサル基板に挿せない　Column 2　Arduino Uno の三つの電源端子	11
Appendix 2	パソコンにデータを取り込むだけなら Arduino より安く上がる **プログラム不要！ USB-シリアル変換モジュール**　　上田 智章	17
第2章	サンプリング周波数や出力できる電流の上限を確認する **8ビット USB マイコン Arduino の実力チェック**　　島田 義人 ■ 出力信号の最小パルス幅　　■ 出力電流の上限　　■ "H"/"L" の確定に要する時間　　■ アナログ信号を取り込んでディジタル信号に変換する時間　　■ PWM のデューティ比が設定値と出力で一致していることを確認	19
第3章	LED が 1 秒周期でチカチカしたらスタンバイ OK！ **Arduino IDE のインストールからボードを動かすまで**　　島田 義人 ■ 統合開発環境 Arduino IDE をインストール　　■ Arduino ボード上の LED を点滅させてみよう	25
Appendix 3	純正開発ツール Arduino IDE にはない **ウェブで見つけた私のおすすめライブラリ**　　江崎 徳秀	28

第2部　実験・計測用アナログ回路集

製作1	白金測温抵抗体を接続すれば -25 ～ +100 ±0.001℃が測定できる **分解能 15 ビットの計測用 A-D 変換アダプタ**　　脇澤 和夫 ■ ハードウェア　　■ プログラム　　■ 校正	29
製作2	低消費電力マイコンの待機時消費電流も丸見え **充電時間カウント方式で μA オーダを測る微小電流メータ**　　脇澤 和夫 ■ ハードウェア　　■ プログラム	37
製作3	100GΩの高抵抗もバッチリ！ ケーブルのわずかな振動も捉える **フルスケール 1 nA, 分解能 1 pA の微小電流測定アダプタ**　　藤崎 朝也 ■ アナログ・フロントエンド　　■ 実装　　■ テスト前の準備　　■ 電流計の性能テスト　　■ 測定① 受光特性　　■ 測定② 同軸ケーブルの電流ノイズ　　Column 1　良い測定器は回路の動作を妨げない　Column 2　市販測定器と手作り測定器の決定的な違い「トレーサビリティ」　Column 3　フルスケール，表示分解能，確度の意味　Column 4　ユニバーサル基板はノイズを拾う金属でいっぱい　Column 5　1 pA の世界　Column 6　「ガード電位≠グラウンド電位」のときには三重同軸構造のトライアキシャル・コネクタを使う　Column 7　商用電源の影響を消すテクニック　Column 8　製作した電流計のゲイン誤差は 2％以下	41

CONTENTS

表紙／扉デザイン　ナカヤ デザインスタジオ（柴田 幸男）
本文イラスト　横溝 真理子

製作4 液に浸した電極2枚間の抵抗値測定に成功
pHも測れる！ 1GΩ高入力インピーダンス・プリアンプ　脇澤 和夫 … 59

製作5 設定値に達したらAC100Vを自動でON/OFF！ 切り忘れブザー付き
100～300℃で設定できる自動温度調節器　丸山 裕 … 61
■ こて先を適温に保つと長もちする　■ ハードウェア　■ ソフトウェア

製作6 ON/OFFと測定をひたすら繰り返してくれる
特性変化を自動測定！ リピート・テスト・アシスタント　下間 憲行 … 65
■ こんな装置　■ 本器でできること　■ ハードウェア　■ ソフトウェア
〈Column〉AVRマイコン本来のI/O動作速度を引き出すには

製作7 RCサーボ含め7個の部品でパッチンパッチン
メカ部品の耐久試験に使える反復直線運動装置　高橋 泰雄 … 73
■ ハードウェア　■ 使い方　■ ソフトウェア　■ 定数やパラメータの設定

製作8 カレンダIC搭載！ SDカードに特性の時間変化を保存してくれる
ACモータによる回転リピータ＆テスト状況レコーダ　高野 慶一 … 79
■ 作り方　■ ソフトウェア

製作9 使い古しCDで光を単色に分解してセンサで強度測定
水分中のイオン検出に！ 光スペクトラム分析装置　脇澤 和夫 … 87
■ 水溶液の成分を調べてみた　■ 単色光をCD-ROMのかけらとサーボモータで生成する　■ 作り方　■ 測定の手順

製作10 単3アルカリ電池6本で24V/0.25A×30分連続運転
周波数や波形を設定！ ポータブル・プログラマブル・インバータ　高野 慶一 … 93
■ 動かしてみる　■ ハードウェア　■ ソフトウェア　■ 機能をアレンジする
〈Column〉瞬断波形やスイープ波形を作るスケッチ・プログラム

製作11 無線回路の反射特性や通過特性を調べられる
1M～100MHz, 1MHzステップの周波数特性測定器　志田 晟 … 101
■ 全体構成　■ 使い方　■ 組み立て　■ 出力補正と外部アッテネータ　■ プログラム　■ 拡張のヒント

製作12 ケーブル断線を検出できる 1：1や1：n でテスト信号を出し受け
16チャネル通信ラインのループバック・テスタ　中尾 司 … 113
■ こんな装置　■ ハードウェア　■ プログラム　〈Column〉組み込み用Arduino「Pro Mini」

製作13 電圧-電流やリプルがボタン一発で！ 正体不明のACアダプタが蘇る
出力特性を自動測定！ ACアダプタ用電源チェッカ　下間 憲行 … 121
■ 製作のきっかけ　■ 回路の設計　■ 制御ソフトウェア　■ 測定の操作と校正
〈Column 1〉失敗談：樹脂モールドのパワーMOSFETは内部チップの温度が想像以上に高い　〈Column 2〉製作に使った電圧トランスと電流トランス　〈Column 3〉A-Dコンバータの入力レンジを拡大する方法

製作14 パソコンに波形データを蓄積！ SPIプロトコル表示機能付き
16チャネル/12kポイントのロジック・アナライザ　武山 伸 … 133
■ ハードウェア　■ Arduinoのプログラム　■ FPGAの回路　■ GUIを作る　■ 作り方

製作15 完成したArduino＋シールドをそのまま切り出せる
Arduino Uno用AVRマイコン複製アダプタ　菱 博嘉 … 139

索引 …………………………………………………………………………………………… 142
監修者紹介 ………………………………………………………………………………… 144

▶ 本書の各記事は、「トランジスタ技術」に掲載された記事を再編集したものです。初出誌は各記事の稿末に掲載してあります。記載のないものは書き下ろしです。

Introduction データ収集・制御は学生マイコンArduinoでサクッと！
生物/化学系から機械/物理系まで！電子計測の応用分野は無限大

二上 貴夫

1 読者ターゲット

● 医学/生命/材料/建築/造船/繊維/食品を含む理工系の人々へ

本書（トランジスタ技術SPECIAL No.133）では，医療，生命，材料，建築，造船，繊維，食品などの××工学と名が付く領域，あるいは農学，化学，薬学，医学，生物学など理工学にかかわる人たちが読者対象です．

業務，研究，学習，そして趣味のため日常的に電子技術を使うけれども，電子技術の専門家ではない人たち（ここでは理工系の人々と呼ぶ）が，電子回路を活用する方法を解説します．

● 電気回路の応用分野は無限に広がっている

新しいタイプの繊維素材ができあがったときには，その伸展性や保温性を調べます．東欧からの新種の発酵食品を日本で作る場合は，自社工場ではどれくらいの発酵速度になるのかを知りたいこともあるでしょう．

こうした場合は，弾性や温度差，酸性度，糖度などを科学的に数値化する必要があります．数値は電子技術を応用した計測装置で取得します．従来は人の官能的な判断に依存していた果物の熟成度や色度も，現在は電子装置が能率良く正確に判定しています．味覚についてもまたしかりです．

2 研究に必要な装置は自作できる時代へ

● 昔は電子工学の専門家のみが電子回路を扱った

70年ほど前に電子管を使ったコンピュータが生まれて以来，コンピュータや電子素子は進化を続けてきました．電子回路技術者が，研究や産業の要請を受けてさまざまな装置を開発しその成果を提供してきました．

例えば，試料に含まれる極めて微量な物質を特定するには，物質を成分ごとに分離する「クロマトグラフィ」という手法が昔から使われています．試料を溶解して長いろ紙に浸潤させ，反対側まで溶媒で吸引して物質固有の移動速度から分析をするものです．この方法は，今では試料を小さなカプセルに入れてボタンを押せば，後はすべて電子装置とコンピュータがやってくれて，結果はパソコンにグラフや表で示されます．

図1 研究に必要なデータを高精度に効率良く取得する装置が自作できるようになった

電子技術は，さまざまな計測を効率的にする手段を提供しています．しかし，このような装置は使用しない機能も一緒に入っていたり，特定用途のため高価だったり，必要な条件をカスタマイズできないなどの問題もあります．

● 部品の入手性や開発環境の無料化で誰でも回路が作れる

最近の電子技術やコンピュータ，ソフトウェアの進化は，皆さんに次の段階のサービスを提供するようになってきました．それは電子技術の素材化です．半導体の進化，ソフトウェアの進化，情報処理の進化とネット販売の整備などさまざまな条件が整ったおかげで，以前なら専用装置を購入してからでないと手の付けようのない研究でも手作り実験[注1]ができるようになってきました（図1）．

例えば，四半世紀前にヤリイカの軸索神経に起きる電気信号を観測しようと思ったら，高インピーダンス，微弱電流を測るために電子回路技術者が特別に設計する回路や装置が必要でした．こうした装置は，高価だし専門家でなければ作ることはできませんでした．今日では必要な素子と部品はネットで注文できます．部品がそろったら組立作業をし，半日も精神集中すれば装置は完成します．私は軟体動物が得意ではないので経験はありませんが，ヤリイカの神経に起きる電気信号を観測する程度の装置は，今や誰にでも作れる時代になっているのです．

本書掲載の製作1で示した計測用A-D変換アダプタ（pp.29-36）を少し改造すると使えるはずです．もち

注1：手作り実験とは，手持ちの材料や道具を使って欲しいモノを作り上げる知的組立作業を意味する．似た意味で，試作とかプロトタイプという言葉が使われるが，それは目的のモノに焦点が定まっている言葉．手作り実験とは作り手の活動と結果のかかわり合いを意識した言葉．

ろん，すべての観測対象がイカ並みになったというわけではありませんが，皆さんが手を出せる領域と機会はますます拡大しています．

3 すぐに動かせる学生マイコン「Arduino（アルドゥイーノ）」の登場

● 進化を続ける8ビット・マイコンの世界

コンピュータの専門家がよく使う言葉に8ビット・マイコンとか32ビット・マイコンというものがあります．近年のパソコンには，64ビット・マイコンが使われていますが，1980年頃のパソコンでは8ビット・マイコンが使われていました．

8ビットより64ビットの方が高性能でたくさんのデータや通信，処理ができますが，高価なので手軽に買い増しできませんし，電源回路も必要だったりと結構面倒です．まして，ヤリイカ相手に計測する道具にキーボードがあっても無用の長物です．

8ビット・マイコンはこうした使い道には好適です．特定用途の需要は産業上にたくさんあり，90年代以降は，さまざまな付帯機能も取り込んでより使いやすい形態へ進化しています．

2000年以降はパソコンの上で8ビット・マイコンを素材にさまざまなものが作れるように環境面が進化しました．このようすは，ある生物細胞が他の細胞を取り込んでより良い細胞に進化したのと似ています．これは細胞共生説として生物学の世界でよく知られています．細胞がミトコンドリアを取り込んだのと同じようにCPUが以前は別のICだったメモリを取り込んでワンチップ・マイコンと呼ばれる新種ができたわけです．

ワンチップ・マイコンの開発環境として多くの研究者，エンジニアがボランティアで開発した環境と相まって，さまざまな手作り実験ができる条件が整ったのです．

Column　一昔前の研究は地道な積み重ねだったけど，今は電子回路で効率化できる

私は，大学4年の春から夏，副専攻研究のために毎日近所の田んぼへ足を運んでいました．稲作のエネルギ収支を調べる水稲観察のためでした．

毎朝，田んぼで葉っぱを切り取っては持ち帰り，外形を紙になぞって葉面積を求めたものです．学生でしたから地道な肉体労働も悪くはないのですが，今だったら葉を切り取らずにデジカメで撮影して自作の面積計算プログラムを使って経過を記録するでしょう．

今時はデジカメを持っていない人は稀ですから計測装置は入手済，あとは画像処理プログラムや解析ソフトさえあれば楽ができるはずです．そして，以前だったら何十万円もしたプログラムの開発環境やデータ処理ソフトウェアは，昨今のネットを探せば無償でいくらでも使うことができます．画像処理，統計計算，表集計となんでも集めて利用ができます．ある意味，皆さんは天国にお住まいなのです．

とはいっても，最近の実験や観測にはさまざまな道具，しくみ，電子回路が必要ですから，その足りないところを補ってくれるのがArduinoということになります．

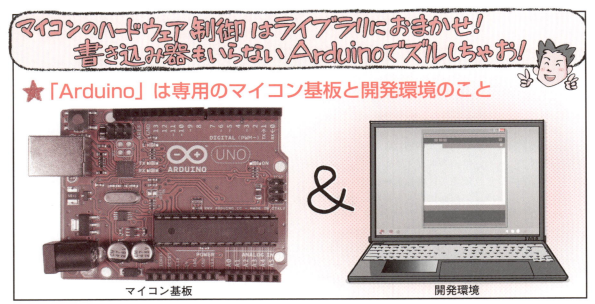

図2 誰でもすぐに始められる「Arduino」

● 誰でも扱えるマイコンでアイデアを具現化する

その一つに，米国のマサチューセッツ工科大学（MIT）の学生や研究者が開発したProcessingという開発環境があります．Javaの洗練された言語機構を全部埋め込んでしまって，極めて単純な形式で組み込みコンピュータの動作を規定します（本書の中でもプログラムの一部にProcessingが使われている）．

Processingは，小さなモータの回転制御から，CCDカメラのシャッタを押し，撮った画像から3次元構造を抽出するソフトウェアといった現代的な工芸活動にまで活用できるしくみです．

これを土台にして廉価な8ビット・マイコンでさまざまなアプリケーションを作れるようにしたのがイタリア生まれの「Arduino」です．デザインや芸術系の若手や学生が，さまざまな形でProcessingとArduinoをセットで利用して面白い芸術や創作活動を行いました．

もちろんマイコンが本職のコンピュータ系の人たちも大喜びでArduinoを使っていました．特にコンピュータ学科の学生が自分のアイデアで何かを作ろうとするときには非常に重宝したのです．

● Arduinoが分野の垣根を越えた理由

Arduinoより一足先に8ビット・マイコンとして登場していたのがPICマイコンです．日本でもPICマイコンは電子工学系の高等専門学校を皮切りに多くの教育機関で利用者がいます．同時に私のような組み込みシステムを開発することを業とする人たちの間でもPICマイコンはよく使われています．しかし，私の見聞きする範囲では，Arduino以前に8ビット・マイコンと電子回路を利用しているのは，電子工学，コンピュータ科学，実験物理，情報工学の人が大半で一般理工学系の人たちが使うケースは稀でした．その理由を一言でいえば，使い方が難しかったのです．

Arduinoは入手したらすぐに動作するハードウェア基板と分かりやすいプログラミング方式がセットになっています（図2）．勉強してから実物に取り組むという高いハードルは存在しませんでした．

私が授業を担当していた理工系ではない学部の学生が，ある日「ArduinoとProcessingを使ってみる」と宣言，翌週にはセンサとモータを回していたときには，そんなことできるはずがないと思ったものです．

● 物理データを吸い上げてパソコンで解析！

今や理工系の人々が広く電子工学とコンピュータを道具から自分たちの素材として使う環境が整ってきました．一つのLSIを配線さえすれば，センサの信号をディジタル化して8ビット・マイコンで処理できる時代です．さらに，複雑な解析や処理をUSBや無線でつないだパソコンに任せれば，以前ならできなかったような実験ができる時代になりつつあります．

本書を参考にして皆さんがそれぞれの分野のためにブリコラージュできるようになることを願っています．

Appendix 1

電子回路は分野の垣根を超える
本書で解説する実験・計測用アダプタの応用先

第2部で解説する実験・計測用アナログ回路の応用事例を紹介します．初めの二つの応用例は，私が実際に本書で紹介されている回路を使用して作成しようと考えているものです．そのほかの応用例は，各回路がこんな風に使えるだろうと考えたアイデアです．

自分が携わっている分野で応用できないかいろいろと考えてみてください．

分　　野：住宅工学
応用内容：LPガスの消費量を自動計測

● LPガスと日本の住宅事情

第2部の製作1「分解能15ビットの計測用A-D変換アダプタ」は，住居問題の解決に使えます．オール電化の家も増えてきましたが，日本の多くの地域ではLPガス（以前はプロパン・ガスと呼んでいた）が使われています．

家庭の消費者の立場で，毎日の暮らしの中でどれくらいのLPガスを使用しているかを知るすべはありません．環境に優しく，住みやすい住宅建築を目指して住宅工学しようと思うと，こうした数値データは重要です．

● ガス消費量に悩むお父さんたち

私の見聞きするところ，給湯のシャワーを娘がたくさん使うのに文句も言えずストレスをためている大勢のお父さんがいます．父と娘の関係は微妙なので，直接対決は避けてデータに語ってもらうのがよいでしょう．

幸い，LPガスのボンベの重さはガスが満タンのときと空のときでは大きく異なります．この変化を日々計測することでガス・エコロジの基礎データになります．趣味の住宅工学であれば，計測値を台所の端末に表示しても面白いでしょう．

● LPガスの消費量を計測する方法

ロードセル・タイプの重量物計測方式を考えます．重量物を金属性の脚のある板で支えると，脚には重量に応じた金属ひずみが生じます．LPガス・ボンベの荷重に対して金属脚の弾性が等しくなるところまで脚は縮みます（実際には見えない）．この縮みをストレイン・ゲージという薄いフィルム状のセンサ4枚をブリッジ回路にして微小なひずみの変化を計測します．

ボンベは総重量が60 kgくらい，ガス重量はその半分の30 kgくらいです．1日で1 kgくらい使うのでだいたい50 gくらいの重量計測分解能があれば実用レベルになります．つまり1200 g（= 60000 g ÷ 50 g）以上のディジタル分解能とそれに見合うアナログ・モジュールがあればよいことになります．

● 実際の作り込み方

図1(a)のようにLPガス・ボンベの下に鉄板を2枚敷きます．2枚の鉄板の四隅に少し高さのある金属ブロックを入れます．ブロックがボンベの荷重を受けて圧縮される方向の面にストレイン・ゲージAを貼ります．また圧縮されないが温度が同じになるところにストレイン・ゲージB～Dを3枚貼り，4枚でブリッジ回路を作ります．

このブリッジを図1(b)のように微小電圧計の入力

（a）LPガス・ボンベの重さの変化を測るためストレイン・ゲージを貼る

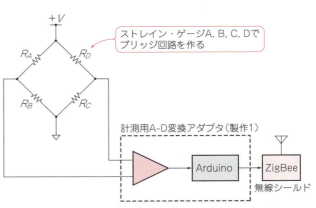

（b）製作1：計測用A-D変換アダプタを接続して値を取得する

図1　応用例…LPガスの消費量を測る

につないでゲージ電圧を読めるようにします．次に30 kg（空のボンベに相当），35 kg，40 kg…と鉄板の上に荷重をかけて電圧値を計測します．計測は朝，昼，夜，雨の日など環境条件を変えて行い誤差を確認します．最後に電圧と荷重の関係をプログラムすれば，ガス使用量や残量が分かります．

● 実装上のポイント

ポイントはストレイン・ゲージを上手に貼ることです．微小な金属ひずみを計測するには，薄いフィルム状のストレイン・ゲージを金属面にしっかりと接着させる必要があります．少し多めに購入しておいて何回か貼る練習をして，お試し計測することをお勧めします．

```
分　野　：食品工学
応用内容：甘さの原点，糖度を測る
```

● マロングラッセ作りの長い製菓工程

今年の秋に，ある調査のために長野県小布施町の栗林に入りました．小布施町は，産品の栗を使った栗菓子で有名な町です．その調査を終えた際に，料亭に出す特別ランクの生栗を一袋いただきました．あれこれと考えた結果にマロングラッセを作ることにしました．

マロングラッセを作る過程は，初日の渋皮むきやガーゼ包み作業に始まって，以後延々10日間も栗にラム砂糖液を浸潤させるという息の長いものです．

栗の甘煮でなぜ10日もかかるかというと，小豆などと違って栗の実が固くて大きいために，甘味を中心部まで浸透させるには時間がかかるからです（ちなみに小豆を使った汁粉作りは数時間でできあがる）．

栗は最初から高い糖度の液に漬けると表面で浸透が止まり内部まで届かないという性質があるので，初日はラム砂糖液の糖度を50％とし，毎日数％ずつ糖度を上げられるだけの砂糖を追加溶融させました．

● 工学的な製菓工程の改良には測定が必要

インターネットに掲載されているマロングラッセの作り方を見ながら製作したのですが，どのレシピも糖度と水分蒸発の関係について説明がありません．4日目で，レシピにない方法で糖度を測るという事態に至りました．もしも糖度を毎日観測できたらと考えて，ラム砂糖液の糖度を測る方法を考えました．

糖は光偏光面を旋回させるという性質を利用して糖度を測定します．これには，安定したビーム光源と偏光フィルタを駆動するしくみ，偏光したビームの輝度を求める簡単な受光システムが必要です［図2(a)］．

将来的には糖度計測器を小型化して糖液の入っている鍋に入れてリアルタイムで糖度の変化を記録したいです．これは，かなり大胆な野望ですが，作りたいと思うものの夢を抱いておくことも大事なスキルです．ここでは，本装置を「グラッセメータ」と呼んでおきましょう．

● グラッセメータの方式設計

光の旋光性を測るため，光源が必要です．これは家電量販店でも売っているレーザ・ポインタを使います．レーザ光は，そもそも偏光しているのですが，偏光板を2枚使ってよりシャープな偏光を得たうえで旋光の度合いを測ります．

この装置には，製作8「ACモータによる回転リピータ＆テスト状況レコード」が使えるでしょう．ここ

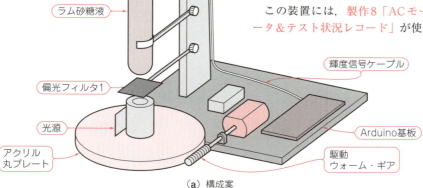

(a) 構成案

図2　応用例…ラム砂糖液の糖度を測る
糖が光偏光面を旋回する性質を利用して測定する．ビーム光源を偏光フィルタで駆動してラム砂糖液に当てる．偏光したビームの輝度をフォトダイオードで受けて，その値により糖度を求める

> **既に市販化されている！**
> **分野**：医学・スポーツ工学，**応用内容**：心拍数を測る　　Column

　心拍数とは心臓が1分間に拍動する回数です．これは健康の目安になる重要な計測値です．私の場合，安静時には50～70くらい，階段を上がるときには110～130くらいになります．

　これを直読するには，心臓の電気的な性質を観測します．心電計で測ってパルスのピークを数えれば心拍数が求まります．心電計を使えば，心筋のようすや弁の開閉具合まで分かるので人間ドックの必需品です．しかし，計測にはベッドの上で寝ている必要があります．

　もっと単純なのは，被験者の手首に指を当てて微妙な圧力の変化を数えることです．指の代わりに圧力センサを手首に当ててコンピュータで記録しても同じです．しかし，歩行中の人の心拍を測るのは多分無理です．歩いているときの振動が圧力センサに入ってしまうと何が何やら分からなくなります．

　最近は光を人の皮膚に照射して透過と反射を計測することで心拍数が測れるようになってきました．圧力の変動を光の透過や反射過程で測るので人が走っていても心拍を取れます．効率の良い半導体LED光源と感度の良い光センサができたおかげです．この心拍数計測は，手作り実験の時代は終わっているので市販品を購入してBLE（Bluetooth Low Energy）でデータを受信するシステムのみ用意すればスポーツ科学の基礎データ取得できます．

　写真Aに示すPulsenseという時計のような活動量計は心拍だけでなく，歩数計も入っています．

写真A　応用例…心拍を測る
心拍計は研究実験を終えて市販化されている

で回転するのは2枚目の偏光フィルタです．これと製作9「水分中のイオンを検出！光スペクトラム分析装置」の可視光強度の測定系を組み合わせてフィルタを回転させて光センサの最大強度の回転位置を求めれば旋光度が分かるはずです［図2(b)］．

　来年の栗の季節までには手作り実験を終えて，新栗はグラッセメータで計測しながら，さらに美味しいマロングラッセを作りたいと思っています．

> **分野**：生命科学
> **応用内容**：二酸化炭素濃度を観測する

　二酸化炭素の濃度の測定は，さまざまな科学や工学領域で重要になってきています．地球温暖化のシンボルとして政治課題でもあります．

　このガスの濃度の測定は簡単ではありません．昔は化学的な定量化しかなかったのですが，50年ほど前に二酸化炭素が赤外線をよく吸収するという性質を利用した手法が開発されました．

　今日，農業の自動化や空気成分の分析をしたい人は，分光法，フーリエ変換法などの専用分析装置が利用できます．また，赤外線を能率良く検出するアレイ型半導体センサを用いて1msごとに急激な変化も測定できるようになってきました．

　分散分光法は，原理も分かりやすく精度も化学計量より良いので，原理的な手法として自分で試みる価値

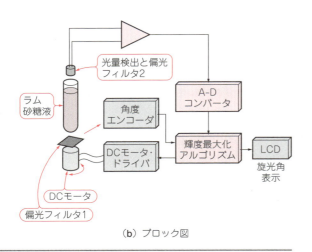

(b) ブロック図

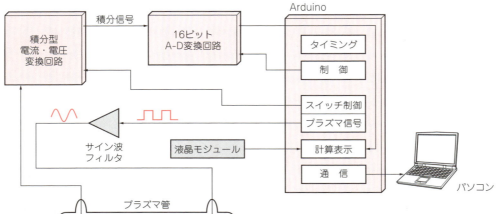

図3 応用例…プラズマ波の伝搬特性を測る
プラズマを通り抜けた信号を計測して振幅と位相を測る

のある方法です．電子素子として必要なのは，製作9「水分中のイオンを検出！光スペクトル分析装置」に解説されたものがほとんどです．センサ部分は可視光センサから赤外線センサに置き換える必要があります．

分野：繊維工学
応用内容：導電性繊維の耐久性試験

衣類の繊維の一部に導電性を持たせて，いろいろな応用を行う試みが発表されています．

コラムで紹介した心拍計は，スマホとBluetooth Low EnergyやANTなどの超低消費電力無線でつなぐケースがほとんどです．しかし，心拍計の充電が面倒です．この場合，人体に影響の出ない程度の微弱電力を通す導電性繊維を使って衣服兼用の有線ネットワーク構築を考えた方が悩みは減ります．ただし，繊維は繰り返しの使用や洗濯によって特性が変化します．この特性変化がどれくらいになるのかを見積もる研究段階では，大ざっぱでよいから繰り返し試験をしたくなります．

製作6「特性変化を自動計測！リピート・テスト・アシスタント」と製作7「メカ部品の耐久試験に使える反復挑戦運動装置」は，布片を1万回繰り返して伸び縮みさせたいときなどにそのまま使えるでしょう．さらに計測系は，人が着たまま測れるようにすれば，歩行や運動中の発汗や応力下の特性も取れるでしょう．

分野：化学
応用内容：液体試料の高温維持

水は常圧で100℃で気化するので，100℃以上の温度を考えることはボイラ工学のような場合を除けばあまりありません．しかし，油類は200℃前後まで液体の場合が多いので化学反応として水と比べて高温を維持したいケースは多くあります．この場合は，製作5「100～300℃で設定できる自動温度調整器」をそのまま応用できるはずです．

私が10年ほど前に発電機の発熱計測装置の開発を依頼された際には，常温から220℃までの計測が必要でした．この時は，てんぷら油（主成分は菜種あぶら）を加熱して計測系のキャリブレーションをしました．注意が必要なのは，センサを試料の液に直接入れてしまうと実験に失敗するリスクがあることです．こうした実験研究はきちんと検討して実施する必要があります．

分野：プラズマ物理学
応用内容：プラズマ波の伝搬特性

物質は高温高圧下でプラズマ状態になります．この特別な状態を研究するのがプラズマ物理学です．原子炉に代わって将来のエネルギ問題を解決してくれるホープと長い間いわれている核融合炉の基礎です．同時に加工製造業においては，さまざまな放電加工技術に応用されており，半導体の製造工程にもプラズマは欠かせません．

この世界の基礎的な計測としてプラズマ中の電磁場の伝搬計測があります．そもそもプラズマ状態とは，電子工学的には電磁波の嵐なので，そこで電磁場の伝搬を計測するのは真夏の甲子園球場でホタルの光を観測するような難しさがあります．

幸い，こうした実験で観測したい元信号はプラズマの外側で作ります．プラズマへ送り込むときの強度や位相は正確に分かっているわけです．定在波の場合には，この信号を参照信号として，プラズマを通り抜けた信号を長時間かけて計測すると，その振幅と位相が測れます（図3）．この場合，チョッパスタビライズド方式と呼ばれる方式をしばしば使います．製作2「充電時間カウント方式でμAオーダを測る微小電流アダプタ」は，この方式の計測を行うためにはうってつけの素材です．

〈二上 貴夫〉

第1部　USBマイコン・ボードArduinoでデータ収集・制御

第1章　パソコンへのデータ取り込みや制御も楽勝
誰でもマイコン・ボード Arduino入門

島田 義人　Yoshihito Shimada

図1　Arduinoを使って手っ取り早くMy実験室を作る

　高速で高性能な32ビットARMマイコン・ボードが登場する中で，衰退するどころか逆に急速に普及しているマイコン・ボードがあります．その名も「Arduino（アルドゥイーノ）」です．スケッチと呼ばれる豊富なサンプル・プログラムと，シールドと呼ばれるさまざまな拡張ボードを備え合わせ，マイコン独自の知識がなくても，短時間で動かせます（図1）．

● イタリア生まれ

　Arduinoは，8ビットまたは32ビットのAVRマイコン（Dialog Semiconductor，元Atmel）を搭載したイタリア製のマイコン・ボードです（写真1）．

　2005年暮れにイタリアの大学で，電気・電子の学生のために，イタリアの大学教授Massimo Banzi（マッシモ・バンジ）氏らによって開発されたものでした

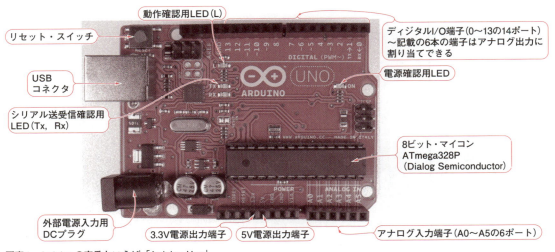

写真1　Arduinoの定番といえば「Arduino Uno」

Arduinoはココがいい　11

が，デザイン・クリエータ系・機械系・情報系，さらには文科系の学生にも広がりはじめています．

Arduinoはココがいい

● 特徴1…ハードもソフトも設計情報が無償！世界中で使われている

Arduinoの1番の強みは，ハードウェアの設計情報と開発環境のソフトウェアがフリー（オープン・ソース）で提供されていることです．

▶ハードウェアの設計情報

回路図や部品の一覧，EAGLEファイル（基板のパターン設計情報）まで公開されています．誰でも同じボードを開発・製作・販売できるため，クローン（類似製品）が出回り，互換機もたくさんあります．ユーザが自作することも容易です．

▶開発環境のソフトウェア

ソース・コードやライブラリが，インターネットを通じて無償で公開されています．これらのソフトウェアは，複製したり改造したりして再配布できます．企業にライセンス料を払う必要はありません．

個人的なアイデアを，ライブラリ（再利用できるプログラム集）としてアップしているウェブ・ページも数多く見かけます．

● 特徴2…C言語より楽チンなArduino言語

マイコンを動かすときは，マイコン内部にあるハードウェア，例えば入出力（I/O）の設定やレジスタ制御を操作する処理プログラムを書かなければなりません．

図2 純正開発環境Arduino IDEのパソコン画面
C言語を簡略した独自の言語を使う

そのとき利用されるのがデファクト・スタンダードとなっているC言語です．

マイコン開発を始めるためには，C言語の文法を覚えるのはもちろんのこと，マイコンの内部構造を調べて頭に入れなければなりません．これは初心者にはとてもハードルの高いことです．

Arduinoは，ビギナでもマイコンをすぐに動かせるように，よく使う機能に絞って，使いやすい関数（Arduino言語リファレンスと呼ぶ）が用意されています．この関数を使うと，I/O設定やレジスタ制御とい

Column 1

Arduinoはそのままではユニバーサル基板に挿せない

Arduino用のシールド基板は，**写真A**に見るようにコネクタ位置が若干ずれています．これは，逆挿しを防ぐためのようです．

このため，ユニバーサル基板がそのままでは使えません．専用基板も各社が出していますが，1枚当たり600〜700円ほどします．

100円以下の安価なユニバーサル基板でも穴位置にうまく合うように，**写真B**のような端子の曲がったピン・ソケットも販売されています．

〈島田 義人〉

写真A Arduino用ユニバーサル基板
Arduinoのピン・ヘッダはユニバーサル基板からコネクタ位置がずれるのでそのまま挿入できない

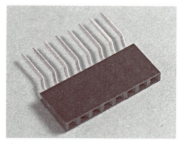

写真B Arduinoをユニバーサル基板に挿せるようにピンが曲げられているピン・ソケット（スイッチサイエンス扱い）

表1 純正開発ツール Arduino IDE にあるサンプル・プログラム (Arduino IDE ver.1.6.6)

項　目	スケッチの概要	サンプル数
01.Basics	LEDの点滅などArduinoの基本動作	6
02.Digital	ディジタル入出力の基本動作	9
03.Analog	アナログ入出力の基本動作	6
04.Communication	シリアル・ポートの基本動作	11
05.Control	スケッチの基本的な文法	6
06.Sensors	主なセンサを使った測定	4
07.Display	複数個あるLEDの点灯動作	2
08.Strings	文字列操作の基本	14
09.USB(Leonardo)	Leonardoを使ったUSBの動作	7
10.StarterKit_BasicKit	Arduino Starter Kit および Arduino Basic Kit 向け	14
11.ArduinoISP	Arduino を AVR プログラマ(ISP：In-System Programmer)として使う	1
Bridge	Arduino YUN(Wi-Fi無線機能付きボード向け)の基本動作	18
EEPROM	EEPROMへの読み書き	8
Ethernet	Arduinoイーサネット・シールドを利用したインターネット接続	11
Firmata	標準シリアル通信を使ったPC上のアプリケーションとの通信	12
GSM	GSMシールドに搭載したSIMカードの制御	12
LiquidCrystal	液晶ディスプレイ(LCD)の制御	10
SD	SDカードへの読み書き	6
Servo	サーボモータの制御	2
SoftwareSerial	任意のディジタル・ピンを使ったシリアル通信	2
SPI	シリアル・ペリフェラル・インターフェース(SPI)バスを使ったデバイスとの通信	2
Stepper	ステッピング・モータの制御	4
Temboo	Arduino YUN(Wi-Fi無線機能付きボード向け)の応用動作	9
Wire	デバイスやセンサのネットを通じたTWI(Two Wire Interface)/I²Cデータ通信	6
RETIRED	その他の旧サンプル	64

った処理を勝手にやってくれるので，マイコンのしくみを意識しなくても動かすことができます．反面，単純なI/O制御でも内部処理に時間がかかるデメリットもあります(第2章参照).

　Arduino専用のソフトウェア統合開発環境(図2)をArduino IDE (Integrated Development Environment)と呼んでいます．Windowsだけでなく，MacやLinuxでも使えます．

　Arduino IDEで書くプログラムを，Sketch(スケッチ)と呼んでいます．Arduino IDEのプログラミング言語は，C言語を簡略化した独自の言語です．プログラムを組むというよりは，単にやりたいことを列挙するだけです．

　表1にサンプル・スケッチの一例を示します．サンプル・スケッチをもとにプログラムを変更したり組み合わせたりすれば，短期間でソフトウェアを開発できます．

● 特徴3…世界中で拡張回路が無数に開発されている
　Shield(シールド)と呼ばれるさまざまな拡張ボードが世界中で販売されています．表2に，そのごく一部を示します．必要な機能に特化されているので，サイズもArduinoとほぼ同程度とコンパクトです．希望する機能だけの拡張ボードを安価に手に入れられます．

　これらのシールドは，Arduinoと接合するピン配置が一致しており，亀の子のように接続コネクタに挿し込めます(写真2).

● 定番の型名はArduino Uno R3
　Arduinoにはいろいろな種類がありますが，なかでも写真1に示した「Arduino Uno R3」というタイプがポピュラです．最も入手しやすく，公開されている多くの資料がこのボードを前提としています．Arduinoの中で一番標準的なボードであることから，イタリア語で「1」を意味する「Uno」と命名された

写真2　Arduinoはシールドと呼ばれる拡張基板を接続して機能アップする
カラーLCDシールドを動作した例

表2　Arduinoにそのままつながる拡張ボード(シールド)のいろいろ(2015年11月調べ)
市場にあるもののほんの一部

分類	品名	内容	メーカ名	参考価格[円]
インターフェース	SD card shield	SDカードとマイクロSDカードのどちらでも使えるSDカード・シールド	Seeed Studio	1,944
	microSD Shield	マイクロSD用スロットを付けたシールド	SparkFun Electronics	1,868
	Wireless SD Shield	マイクロSDスロット付きのXBeeを搭載できるシールド	Arduino Team	3,240
	Wireless Proto Shield	XBee搭載可能なArduino用シールド		2,160
	XBee Shield	Arduino‐XBeeモジュール間のロジック・レベルを変換するシールド	SparkFun Electronics	2,052
	Mux Shield Ⅱ	I/Oを48ピンまで増やせるシールド		3,742
	PWM Shield	16本のPWM出力を持ったシールド		2,462
通信	Arduino Ethernet Shield 2	microSDスロットを搭載したイーサネット機能を追加するシールド	Arduino Team	3,240
	Ethernet Shield	Seeed Studio製のイーサネット・シールド	Seeed Studio	4,032
	Arduino Ethernet Shield	PoEモジュール付きイーサネット・シールド	Arduino Team	5,616
	PoEthernet Shield	簡易PoE対応のイーサネット・シールド	SparkFun Electronics	4,992
	USB Host Shield	ArduinoをUSBホストとして利用するためのシールド		3,117
	CAN‐BUS Shield	CANコントローラMCP2515(マイクロチップ・テクノロジー)を搭載したArduino用シールド		3,117
電源	Ardumoto‐Motor Driver Shield	最大2 A/chモータ・ドライバ・シールド		3,117
	Arduino Motor Shield R3	最大2 A/chモータ・ドライバ・シールド	Arduino Team	3,510
	Dual MC33926 Motor Driver Shield	最大3 A/chモータ・ドライバ・シールド	Pololu Corporation	3,877
	Dual VNH5019 Motor Driver Shield	最大12 A/chモータ・ドライバ・シールド		6,469
	Monster Moto Shield	最大30 A/ch大電流モータ・ドライバ・シールド		8,742
	LiPower Shield	リチウム・イオン電池の出力を5Vと3.3Vに変換するシールド	SparkFun Electronics	3,743
	Power Driver Shield Kit	パソコン用ATX電源などの直流電源をArduinoで制御するシールド		2,492
	Relay shield v3.0	AC120V/DC24Vのリレーを駆動するシールド	Seeed Studio	2,797
フィジカルI/O・センサ	Danger Shield Kit	光センサ, 温度センサ, 7セグLED, ブザー, スライド・ボリューム, スイッチなど搭載したシールド	SparkFun Electronics	3,388
	Modkit MotoProto Shield	DCモータ×2, センサ×4, 16×2キャラクタLCDを搭載したシールド		3,743
	7‐Segment Shield	7セグLED×4, 温度センサ, フルカラーLED, EEPROMを搭載したシールド	Gravitech	6,665
	Grove‐Base Shield	GROVEシステムのベース・シールド	Seeed Studio	1,242
	Touch Shield	静電容量タッチセンサ・コントローラを搭載したシールド	SparkFun Electronics	1,680
	GPS Shield	GPSモジュールを搭載できるシールド		1,680
表示	2.8" TFT Touch Shield V2.0	TFT液晶タッチパネル・シールド	Seeed Studio	7,678
	Tick Tock shield	7セグLEDで時刻を表示する目覚まし時計シールド		2,224
	LoL Shield	126個(9×14)のLEDマトリクスを搭載したシールド	SparkFun Electronics	2,797
プロトタイプ基板	Protoshield Kit	Arduino用プロトシールド・キット		1,243
	Arduino Proto Shield	Arduinoチーム純正品のArduino用プロトタイプ・シールド	Arduino Team	1,420
	Protoshield Kit	Arduino用プロトシールド・キット	Seeed Studio	1,185
	ProtoScrewShield	ねじ止めターミナルに引き出したプロトシールド・キット		1,680
ツール	TransmogriShield	Arduino Leonardo, Mega用シールド, Uno用のSPI/I²C使用のシールドを使えるようにするピン配置変換シールド	SparkFun Electronics	1,868
	Go‐Between Shield	Arduinoとシールドやシールド間に挟んで使用するピン配置変換シールド		2,021
サウンド・オーディオ	MIDI Shield	ArduinoとMIDIを接続するためのシールド		2,493
	Music Instrument Shield	リアルタイムMIDIを演奏する楽器シールド		3,743
	Music Shield V2.0	SDカード上の音声ファイルを再生するシールド	Seeed Studio	3,844
	MP3 Player Shield	MP3音楽再生用シールド		4,992
	Spectrum Shield	サウンド・オーディオの音声合成・変調・解析用のシールド	SparkFun Electronics	3,117
	VoiceBox Shield	合成音声(英語)とプリセット・サウンドを流すことができるシールド		4,992

ようです．

　Arduino Uno R3は，32Kバイトの書き換え可能なフラッシュ・メモリと1KバイトのEEPROM，2KバイトのSRAMを持った28ピンDIPタイプのATmega328P‐PUを搭載しています．

　Arduino Uno R3には，ディジタルI/O端子が14本あり(0～13)，ディジタル入力または出力端子として利用できます．そのうち6本の端子(3，5，6，9，10，11)はアナログ出力として設定可能です．アナログ入力端子は6本あり(A0～A5)，10ビット(0～1023までの値)分解能でアナログ値を得られます．そのほか，各種LED，リセット・スイッチ，通信用USBコネクタ，

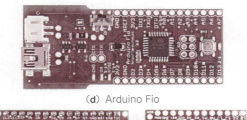
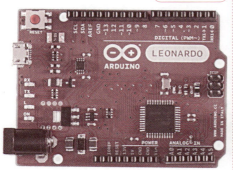

(a) 薄型で安価な Arduino Pro　　(b) 大規模回路の製作にお勧め Arduino MEGA

ブレッドボードに挿して使える

(c) USB 通信機能を持った Arduino Leonardo　　(d) Arduino Fio　　(e) Arduino Nano　　(f) Arduino Pro Mini

写真3　Arduino にはいろいろある（取り扱い：スイッチサイエンスほか）

外部電源入力用 DC プラグなども搭載しています．

Arduino にはいろいろある

Arduino ボードは入手性のよい製品だけでも10種類以上あります．さらに純正のボードのほかに Arduino 互換機を含めるとかなりの種類になります（写真3）．

初めに紹介した Arduino Uno のほかの，代表的な Arduino ボードをいくつか紹介しましょう．

● 薄型で安価な Arduino Pro［写真3(a)］

TQFP パッケージの ATmega328P-AU マイコンを採用した，薄型で安価な Arduino ボードです．USB コントローラ・チップが省かれています．パソコンとの接続には USB シリアル変換モジュールが必要です．USB が必要になるのは，ソフトウェアを書き込むときや，パソコンとデータのやりとりするときだけなので，あえてインターフェースを外付けにしています．

Arduino Pro には 5 V 駆動品（クロック 16 MHz）と 3.3 V 駆動品（クロック 8 MHz）があります．Arduino は本来 5 V, 16 MHz で動作させますが，電池駆動など省電力化のため 3.3 V, 8 MHz に設定しています．

● ブレッドボードに挿して使える Arduino

・Arduino Nano［写真3(e)］

高密度な実装設計をしていて，ピン・ヘッダや USB コネクタが付いており，ブレッドボードに載せて使うときも場所をとりません．

・Arduino Pro Mini［写真3(f)］

安価ですがピン・ヘッダのはんだ付けが必要です．USB コントローラ・チップが省かれており，USB シリアル変換モジュールの接続も必要です．5 V 駆動品（クロック 16 MHz）と 3.3 V 駆動品（8 MHz）があります．

・Arduino Fio［写真3(d)］

無線通信でデータのやりとりができる XBee モジュールが装着可能な Arduino ボードです．USB コントローラ・チップは省かれています．ピン・ヘッダのはんだ付けが必要です．

● 大規模回路の製作にお勧め Arduino MEGA［写真3(b)］

ディジタル入出力54本（うち PWM 14本）／アナログ入力16本の多数の入出力ピンを持った Arduino です．フラッシュ・メモリが 256 K バイト，SRAM が 8 K バイト，EEPROM が 4 K バイトあります．外部回路が多くて規模が大きめのプログラムを書きたいユーザに

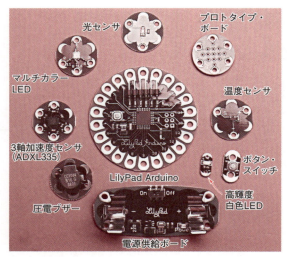

写真4 縫い付けて使える花形のLilyPad Arduino

便利です．ピン数が多いのですが，シールドを取り付ける端子の位置は一般的なArduinoと同じであるため，たいていのシールドがそのまま使えるようです．

● USB通信機能を持ったArduino Leonardo［写真3(c)］
マイコンにUSB通信機能を持つATmega32U4チップを搭載しています．マウスやキーボードの機能を簡単なプログラムで実現できます．

● 縫い付けて使うLilyPad Arduino（写真4）
花びらのような端子と外部回路を，コンダクティブ・スレッド（Conductive Thread）と呼ばれる導電性の糸で毛織物や布などに縫い付けて使います．LilyPad Arduino用に各種センサ，LED，電源など多くのオプション・モジュールが用意されています．

◆参考文献◆

(1) Arduinoのウェブ・サイト，http://www.arduino.cc/，http://www.arduino.org/
(2) SparkFun Electronicsのウェブ・サイト，http://www.sparkfun.com/
(3) スイッチサイエンスのウェブ・サイト，http://www.switch-science.com/
(4) マルツパーツ館WebShopサイト，http://www.marutsu.co.jp/

（初出：「トランジスタ技術」2013年3月号 特集 第1章）

Arduino Unoの三つの電源端子　Column 2

　Arduino Uno R3の電源系統の回路を図Aに示します．公式回路から抜き出しました．コントローラであるAVRマイコンは5Vで動いています．
　電源は，次のいずれかの端子から供給します．

- USBコネクタ（X_2，5V供給）
- 外部DCジャック（X_1）
- V_{IN}端子（POWER）

　データシートを確認すると，電源電圧の仕様は次のように記載されています．

- 入力電圧（推奨）：7～12V
- 入力電圧（限界）：6～20V

〈いしい さとし〉

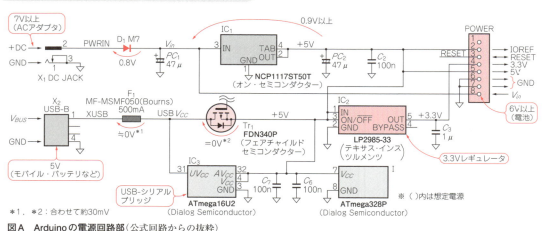

図A　Arduinoの電源回路部（公式回路からの抜粋）

Appendix 2

> パソコンにデータを取り込むだけなら Arduino より安く上がる
> # プログラム不要！USB-シリアル変換モジュール

I²C出力のセンサ・データをパソコンに取り込める，定番USB-シリアル変換モジュールAE-UM232R（秋月電子通商）の使い方を紹介します．**写真1**は，AE-UM232RにI²C出力のセンサを接続したようすです．

I²Cは，マスタ・デバイスが出力するシリアル・クロックSCLと双方向で利用するシリアル・データSDAの2線式インターフェースです．

● Arduinoを使ったときとの比較

図1に，AE-UM232RLとArduinoを使ったときの接続をそれぞれ示します．AE-UM232Rを使えば，マイコンのプログラム開発は不要です．パソコン側のプログラム（Visual C#やExcel VBAなど）の開発だけで，**図2**のようなパソコン計測ができます．基板サイズもArduinoより小さく，1,000円で入手できます．USBは簡単に増設できるので，多数のセンサを同時に使えます．

ただし，パソコンで直接データを取り扱うため，パソコン側のOS（Windows）とDLL（Dynamic Link Library）により，応答速度が数m～20ms程度とばらつきます．Arduinoは専用I²Cインターフェースがあるので，高速にI²C通信ができ，アプリケーションへの応答のタイムラグもほとんど発生しません．価格は2,500円～4,000円で，Arduinoのソフトウェアを開発する必要があります．

● USB-シリアル変換モジュールFT232RLをI²Cインターフェースとして使う方法

図3に，AE-UM232をI²C-USBインターフェースとして使ったときの回路を示します．AE-UM232Rに抵抗を1本付け足すだけです．AE-UM232RLに実装されているデバイス・ドライバ（FTDI社のFT232RL）には，VCP（Virtual COM Port）だけでなくD2XXというDLLも入っています．

D2XXを使えば，FTシリーズをシリアル・ポートとしてではなく，8ビット・パラレル・ポートにでき，入出力を割り当てられます．またパラレル・ポートの出力設定をした端子を，それぞれ指定したクロック速度で変化させられる「同期BitBang」モードもあります．これにより，抵抗1本を接続するだけでI²Cインターフェースを構成できます．

同様にSPIインターフェースも同期BitBangモードを利用して構成できます．その場合はD_0にスレーブのD_{in}を，D_1にスレーブのD_{out}を接続するだけでよく，抵抗も不要です．I²C動作するには同期BitBangモードに設定します．D2XXの関数を**リスト1**に示します．

写真1 USB-シリアル変換モジュールAE-UM232にI²Cインターフェースのセンサを接続したようす
AE-UM232をI²C-USB変換動作させてパソコンにセンサ・データを取り込む．センサは赤外線近接センサRPR-0400（ローム）

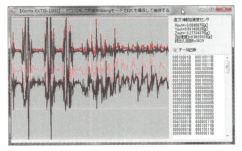

図2 USB-シリアル変換モジュールAE-UM232を使ってI²C出力のセンサ・データをパソコンに取り込んだようす
3軸加速度センサKXTI9-1001（ローム）の例

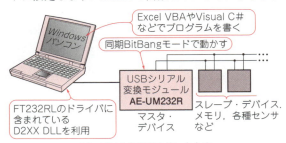

(a) AE-UM232Rを使ったとき

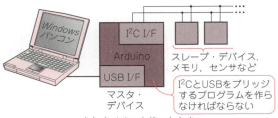

(b) Arduinoを使ったとき

図1 I²Cのセンサが出力するデータをパソコンに取り込むときの接続
AE-UM232を使えばマイコンをプログラミングしなくて済む

リスト1 D2XX関数のうちI²Cとして動作させるための関数
D2XXはFTシリーズをパラレル・ポートにできる関数．この関数でFT232RLのパラレル・ポート出力をI²C動作させる

```csharp
//【FTDI社D2XXドライバDLL参照定義】
//【FT Open】
[DllImport("ftd2xx.dll")] unsafe private static extern UInt32 FT_Open(Int16 DeviceNumber, UInt32* ftHandle);
//【FT Close】
[DllImport("ftd2xx.dll")] unsafe private static extern UInt32 FT_Close(UInt32 ftHandle);
//【FT ListDevices】
[DllImport("ftd2xx.dll")] unsafe private static extern UInt32 FT_ListDevices(void* pArg1, void* pArg2, UInt32 Flags);
//【FT SetBitMode】
[DllImport("ftd2xx.dll")] unsafe private static extern UInt32 FT_SetBitMode(UInt32 ftHandle, Byte Mask, Byte Enable);
// Mask 1:出力 0:入力  Enable: 0x4:同期Bit Bangモード 1:BitBangモード 0:ハンドシェーク・モード
//【FT GetBitMode】
[DllImport("ftd2xx.dll")]
unsafe private static extern UInt32 FT_GetBitMode(UInt32 ftHandle, [MarshalAs(UnmanagedType.LPArray)] byte[] bdata);
//【FT SetBaudRate】
[DllImport("ftd2xx.dll")] unsafe private static extern UInt32 FT_SetBaudRate(UInt32 ftHandle, UInt32 BaudRate);
//【FT Read】
[DllImport("ftd2xx.dll")]
unsafe private static extern UInt32 FT_Read(UInt32 ftHandle, [MarshalAs(UnmanagedType.LPArray)] byte[] bdata, UInt32 dwBytesToRead, UInt32* lpBytesReturned);
//【FT Write】
[DllImport("ftd2xx.dll")]
unsafe private static extern UInt32 FT_Write(UInt32 ftHandle, [MarshalAs(UnmanagedType.LPArray)] byte[] bdata, UInt32 dwBytesToWrite, UInt32* lpBytesWritten);
//【FT Purge】
[DllImport("ftd2xx.dll")] unsafe private static extern UInt32 FT_Purge(UInt32 ftHandle, UInt32 Mask);
//【FT GetStatus】
[DllImport("ftd2xx.dll")]
unsafe private static extern UInt32 FT_GetStatus(UInt32 ftHandle, UInt16* lpRxBytes, UInt16* lpTxBytes, UInt16* lpEventWord);
```

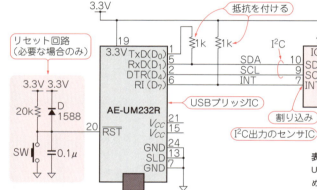

図3 AE-UM232をI²Cインターフェースとして使うときの接続

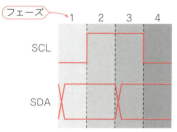

図4 SCLとSDAの変化のタイミング

リスト1に示すようにVisual C#のプログラム中で宣言することで，D2XXが使えるようになります．DLLをインポート（Import）するためには，次のように宣言をする必要があります．

```
using System.Runtime.InteropServices;
// [DllImport("ftd2xx.dll")] 参照用のusing指定
```

● FT232RLの初期化の方法

FT232RLの初期化で重要な関数はFT_SetBitModeとFT_SetBaudRateです．前者で入出力ピンの割り当てやリセットや同期BitBangモードの設定を行い，後者でデータ更新速度をボー・レートで指定します．USB接続直後に，FT232RLはVCPドライバによってシリアル通信モードに初期化されます．FT232RLの破損を防ぐため，I²C使用時は表1に示すように初期化し，VCPと入出力端子を合わせます．

図4に示すように，SCLやSDAの変化のタイミングは，4フェーズに分けて定義するようにします．

表1 I²C使用時の入出力端子の設定
USB接続直後はシリアル通信モードになる．FT232RLの破損を防ぐためシリアル通信モード時とI²C時の入出力端子を合わせる

FT232RL ピン番号	通常シリアル通信モード		同期BitBangモード		I²C名称
	ピン名称	初期値	データ	入出力	
1	TxD	Output	D0	Input/Output	SDA（送信）
5	RxD	Input	D1		SDA（受信）
3	RTS#	Output	D2		—
11	CTS#	Input	D3		—
2	DTR#	Output	D4		SCL
9	DSR#	Input	D5		—
10	DCD#		D6		—
6	RI#		D7		INT（未使用）

● サンプル・プログラムのダウンロード

具体的なコーディング方法としてVisual C#でサンプル・プログラムを用意しました．下記URLでサンプル・プログラムをダウンロードできます．

http://www.neo-tech-lab.co.uk/FT232RLBitBang

〈上田 智章〉

（初出：「トランジスタ技術」2013年3月号 特集 Appendix1）

第2章 サンプリング周波数や出力できる電流の上限を確認する

8ビットUSBマイコン Arduinoの実力チェック

島田 義人 Yoshihito Shimada

Arduino純正開発ツールArduino IDEで記述するプログラム「スケッチ」では，ユーザにとって簡単な表記で分かりやすい，Arduino言語リファレンスと呼ばれる関数が使われています．この言語リファレンスはI/O（入出力）の設定やレジスタ制御といった面倒な処理を肩代わりしてくれるので，マイコンのしくみを意識せずとも簡単に動かせます．

反面，単純なI/O制御でも内部処理に時間を要するデメリットがあります．

入出力の処理能力などを測定して，Arduinoの実力を調べてみます．なお，Arduino Unoのクロック周波数は16 MHzです．

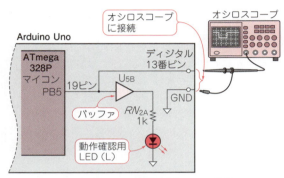

図1 "H/L"の入出力にかかる時間を測るための接続

【実力チェック1】
出力信号の最小パルス幅

● 実力

"H/L"出力にかかる時間の観測結果から，出力できる最小パルスは約4 μsであることが分かりました．出力パルスを周波数に換算すると約125 kHzに相当します．

Arduinoは高速なトリガ信号を要求する用途には不向きですが，100 kHz程度の簡易測定器のトリガ信号であれば生成できることがわかります．

● 搭載LEDを点滅させる

Arduino Unoには動作確認用のLED(L)が搭載されています．図1に示すように，このLEDは電流増幅用のバッファ(U_{5B})と電流制限用の1 kΩ抵抗(RN_{2A})を介してディジタル13番ピンに接続されています．

リスト1
LED点滅のテスト・プログラムを動かしてI/Oの応答速度をチェック
Arduinoの開発環境Arduino IDEに用意されている．これを書き換えて使った

```
/*
  Blink
  Turns on an LED on for one second, then off for one second, repeatedly.
  This example code is in the public domain.
 */

// Pin 13 has an LED connected on most Arduino boards.
// give it a name:
int led = 13;                    ← ディジタル13番ピンを定義する

// the setup routine runs once when you press reset:
void setup() {                   ← Arduinoの初期設定
  // initialize the digital pin as an output.
  pinMode(led, OUTPUT);          ← ディジタル・ピンを出力に設定する
}

// the loop routine runs over and over again forever:
void loop() {                                                          ← 繰り返し実行する
  digitalWrite(led, HIGH);   // turn the LED on(HIGH is the voltage level)  ← 出力を"H"に設定(LED点灯)
  delay(1000);               // wait for a second                       ← 1000 ms(=1秒)待ち
  digitalWrite(led, LOW);    // turn the LED off by making the voltage LOW ← 出力を"L"に設定(LED消灯)
  delay(1000);               // wait for a second                       ← 1000 ms(=1秒)待ち
}
```

ディジタル端子を"H"に設定すると5Vが出力されてLEDが点灯します．"L"を出力すると端子には0Vの電圧が出力されLEDは消灯します．

ここでは，点滅周期が最短のスケッチ（プログラム）でディジタル出力の処理スピードを確認します．

Arduino IDEの［ファイル］-［スケッチの例］-［01.Basics］の［Blink］というサンプル・スケッチ（リスト1）を利用します（詳細の手順は第3章参照）．このスケッチは1秒間隔でLEDの点滅を繰り返すプログラムです．digitalWrite()という言語リファレンスの関数で出力端子を"H"と"L"に設定できます．

デフォルト（初期設定）でディジタル・ピンが入力用に設定されているため，pinMode()という関数を利用して設定を出力用に変更します．delay(1000)で1000 ms（＝1秒）待ち，loop()で無限に実行されるため，LED(L)は1秒間隔で点灯/消灯を繰り返します．

● 点滅間隔の変更方法

delay()のパラメータの数値を小さくするほどLEDの点滅周期が短くなります．delay(0)と設定すれば"H/L"を保持する待ち時間はほとんどなくなります．そしてスケッチからdelay()の記述を除外すると最短になります．

delay()のパラメータの数値へunsigned long型で32767より大きい整数を指定するときは，delay(60000UL);のように数値にULを付け加えると60000 ms（＝60秒）待ちます．数値の範囲は0から4294967295（$2^{32}-1$）まで設定できるので，delay()を多重に使ったりforループなどと組み合わせたりすれば点滅間隔はいくらでも長くできます．

● 測定方法

出力信号の最小パルス幅は図2のように測ります．測定用スケッチをリスト2に示します．"H"と"L"を出力するまでの時間を測定するには，digitalWrite()の設定にちょっとした工夫が必要です．各レベルの設定を交互に2回挿入します．

図1に示すように，出力端子（ディジタル13番ピン）とGND間の電圧をオシロスコープで観測します．出力波形を写真1に示します．

リスト2のコメント(a)〜(d)に対応させながら波形を見てみましょう．"H"の出力時間t_{OH}は4.0 µsで，(a)と(c)は同じ時間です．"L"の出力時間t_{OL}は(b)が3.9 µs，(d)が4.3 µsです．(b)と(d)の波形を比較すると0.4 µsの時間差が見られます．これは，(d)はloop()まで含んでいるからです．つまり"L"の真の出力時間は(b)の3.9 µsです．

【実力チェック2】
出力電流の上限

● 実力

"H"/"L"出力時の出力電圧特性は，メーカ保証範囲

(a) "L"を出力するまでにかかる時間

(b) "H"を出力するまでにかかる時間

図2 Arduinoの"H/L"出力にかかる時間を出力端子の電圧から測る方法
digitalWrite関数で動作させたときの波形を確認．delay関数は入れない

リスト2 出力信号の最小パルス幅を測るテスト・プログラム
点滅の間隔時間をなくして出力までの時間を測った

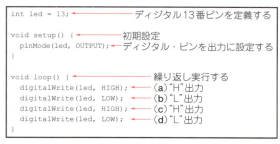

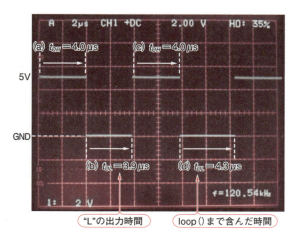

写真1 ディレイ時間をなくしたときのディジタル出力波形
（2 V/div，2 µs/div）
接続は図1．"H"には4 µsかかり，"L"には3.9 µsかかる

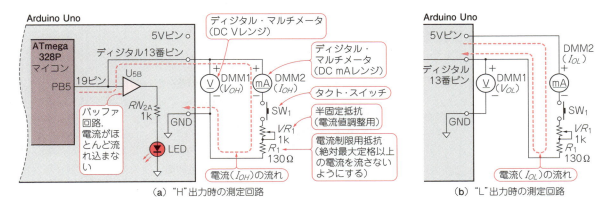

(a) "H"出力時の測定回路　　　(b) "L"出力時の測定回路

図3　出力電流-出力電圧特性の測り方

の電流値（20 mA）以内の領域では，どちらも直線的に変化しましたが，それ以上の電流を流すと発熱の影響により変化量が次第に大きくなるようです．ここではおおむね30 mA程度までが駆動能力の限界と判断して中断しました．安定した出力レベルで使うには，20 mA以内とします．大電流を消費するモータやリレーを駆動するときは，何らかのインターフェース回路が必要です．

使い方の基本

図1に示したように，Arduino Unoに搭載されているLEDは，マイコン出力から電流増幅用のバッファ（U_{5B}）を介して駆動されています．このバッファのおかげで，マイコンに大電流が流れて破損することがなくなります．

Arduinoの出力端子とGND端子のピン・ソケット間に直接LEDをつないで点灯させると，マイコンに大電流が流れて壊す可能性があります．

Arduinoの出力ポートの駆動能力を調べましょう．

スペック上は最大20 mA@5V

Arduino Unoに搭載されているマイコン「ATmega328P」の入出力端子の出力電流の絶対最大定格I_{max}が40.0 mAです．出力電流I_{max}を超える電流をマイコンに流してしまうと損傷します．もう少し詳細にデータシートを調べてみると，各入出力ポートは安定状態（非過渡時）において，電源電圧5 V使用時で20 mAまでがメーカ保証の範囲のようです．

測定方法

出力電流に対する出力電圧特性を調べるための接続を図3に示します．

$R_1 = 130\ \Omega$は電流制限用抵抗です．5 V電圧が加えられた場合，電流は38 mA（$= 5\ V / 130\ \Omega$）となり，絶対最大定格（$I_{max} = 40\ mA$）以上にならないようにし

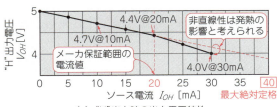

(a) "H"出力時の出力電圧特性

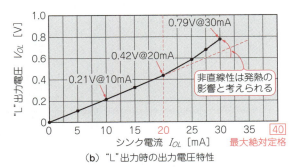

(b) "L"出力時の出力電圧特性

図4　Arduinoの出力電流-出力電圧特性（実測）
メーカ保証範囲の20 mA以内で使う

ます．

半固定抵抗$VR_1 = 1\ k\Omega$は出力電流I_{OH}およびI_{OL}を4.4 mA［$= 5\ V / (1\ k\Omega + 130\ \Omega)$］以上から調整します．

スイッチSW_1には，押したときだけ電流が流れるタクト・スイッチなどを使います．絶対最大定格近くの大電流を流して特性を確認するので，大電流が常時流れないようにしています．

出力電流に対する出力電圧特性を図4に示します．"H"出力時は，無負荷（ソース電流$I_{OH} = 0\ mA$）のときに出力電圧は$V_{OH} = 5.0\ V$ですが，ソース電流I_{OH}の増加とともに出力電圧V_{OH}は低下します．一方，"L"出力時では無負荷のときに出力電圧$V_{OL} = 0\ V$ですが，シンク電流I_{OL}の増加とともに出力電圧V_{OL}は増加しました．

出力電流の上限

【実力チェック3】
"H"/"L"の確定に要する時間

● 実力

"H"/"L"入力にかかる時間を測定した結果は3.9μsでした．

Arduinoは高速なパルス信号を入力する用途には向きませんが，100kHz程度までのパルス信号を扱う用途であれば周波数カウンタも作れるでしょう．

● 測定方法

"H"/"L"が確定するまでの時間を求めるスケッチをリスト3に示します．このスケッチはディジタル13番ピンの"H"と"L"の出力を切り替える間に，ディジタル入力を行うdigitalRead()を挿入しています．

ディジタル入力はinputPinとして定義した2番ピンのレベルの状態をinputDataという変数に格納します．

時間測定は図1の接続でディジタル出力の時間測定から間接的にディジタル入力時間を求めます．

リスト3のコメント(a)，(e)，(d)に対応させながら波形を見ましょう．

● 測定結果

"H"/"L"の入力が確定するまでの時間を図5のように測ります．

出力波形を写真2に示します．"H"の出力時間(7.9μs)は，先に測定した出力時間(a) t_{OH} =4.0μsとディジタル入力時間(e) t_{in} が合わさった時間として出力されます．したがって，2番ピンでディジタル信号をdigitalRead関数で入力している時間(e) t_{in} は3.9μs(=7.9−4.0)と間接的に求まります．(d)は先に測定したloop()を含んだ"L"出力時間(4.3μs)です．

これらの結果から，"H/L"の入出力の処理時間はおおむね3.9〜4μs程度であることが確認されました．

【実力チェック4】
アナログ信号を取り込んで
ディジタル信号に変換する時間

● 実力

自然界の物理量のほとんどはアナログ量なので，それらをArduinoで処理するためにはディジタル量に変換する必要があります．アナログからディジタルへ変換するインターフェースがA-Dコンバータ(Analog to Digital Converter)です．Arduino Unoにはアナログ入力端子がA0番からA5番ピンまでの6本あります．

アナログ入力時間を測定した結果，約111μsでした．最短繰り返し周波数に換算すると約9kHzに相当します．標本化定理によると，A-D変換でサンプリングできる周波数は，次のように4.5kHzと電話音声をぎりぎり変換できる程度のようです．

$$9\text{ kHz}/2 = 4.5\text{ kHz}$$

Arduinoをサウンド・オーディオ用の用途に使う場

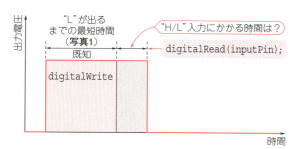

図5 Arduinoの"H/L"入力にかかる時間を出力端子の電圧から測る方法
digitalWrite関数の動作にdigitalRead関数を挿入．既知の値であるdigitalWriteにかかった時間との差を測定

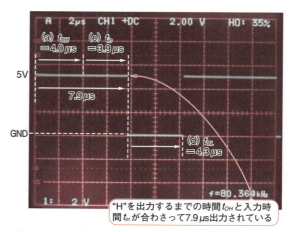

写真2 delay関数なしでの"H/L"切り替えにディジタル入力関数を挿入したときの出力波形(2V/div，2μs/div)
ディジタル信号の入力時間は"H"の出力時間7.9μsと4μs(写真1より)の差の3.9μsと分かる

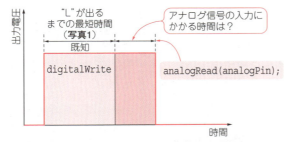

図6 Arduinoのアナログ入力にかかる時間を出力端子の電圧から測る方法
digitalWrite関数の動作にanalogRead関数を挿入．既知の値であるdigitalWriteにかかった時間との差を測定

リスト4 アナログ入力の時間を求めるためのプログラム
delay関数なしでの"H/L"切り替えにアナログ入力関数を挿入

```
int analogPin = A0;          ← アナログA0番ピンを定義する
int led = 13;                ← ディジタル13番ピンを定義する
int analogValue = 0;         ← 入力データの格納変数を定義する

void setup() {               ← 初期設定
  pinMode(led, OUTPUT);      ← ディジタル13番ピンを出力に設定
}

void loop() {                ← 繰り返し実行する
  digitalWrite(led, HIGH);   ← (a)"H"出力
  analogValue = analogRead(analogPin);  ← (f)アナログ入力
  digitalWrite(led, LOW);    ← (d)"L"出力
}
```

合は，サンプリング・レートの高いA-D変換回路をシールドに実装する必要があります．

● 測定方法

アナログ入力の時間を図6のように測ります．スケッチをリスト4に示します．リスト3に示したスケッチをもとにして，ディジタル13番ピンの(a)"H"と(d)"L"の出力の切り替え間に，(f)アナログ入力を行うanalogRead()を挿入しています．アナログ入力はanalogPinとして定義したA0番ピンの電圧入力レベルをanalogValueという変数に格納します．

時間測定は図1で示した出力端子(ディジタル13番ピン)とGND間にオシロスコープを接続してディジタル出力の時間測定から間接的にアナログ入力時間を求めます．

リスト4のコメント(a), (f), (d)に対応させながら波形を見ましょう．

● 測定結果

出力波形を写真3に示します．
"H"の出力時間(115 μs)は，先に測定した出力時間(a) t_{OH} = 4.0 μsとアナログ入力時間(f) t_A が合わさった時間として出力されます．したがって，アナログ入力時間(f) t_A は 111 μs（= 115 − 4.0）と間接的に求まります．

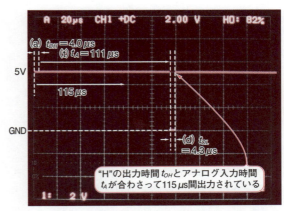

写真3 delay関数なしでの"H/L"切り替えにアナログ入力関数を挿入したときの出力波形（2 V/div, 20 μs/div）
アナログ入力時間は115 μsと4 μsの差，111 μsと分かる

仕様によると，Arduino IDEで設定しているクロック周波数は125 kHzで，A-D変換には13クロックを要します．真のA-D変換時間 t_A は，104 μs（理論値，1/125 kHz × 13）と求まります．測定値と理論値との差分7 μs（= 111 − 104）は，A-D変換前の各種設定時間と変換後のデータ処理時間だと分析されます．

【実力チェック5】
PWMのデューティ比が設定値と出力で一致していることを確認

● 使い方の基本

Arduinoのポートは"L"と"H"の二つの状態しか出力できません．しかし，この"L"と"H"二つの状態を素早く切り換えることで，人間の目にはLEDが連続して発光しているように見えます．

図7に示すように，1周期に対する"L"と"H"の時間比率(デューティ比)を変えるとLEDを調光できます．アナログ出力端子とGND間に接続したLEDは"H"出力で点灯するため，デューティ比を大きくすると点灯時間が長くなり，LEDが明るく発光しているように見えます．逆にデューティ比を小さくすると，LEDの発光が暗く見えます．

このようにArduinoのアナログ出力は，パルス出力による疑似的なアナログ出力(PWM；Pulse Width Modulation出力)になります．PWMの用途はさまざ

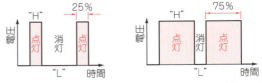

(a) デューティ比 25％（暗い） (b) デューティ比 75％（明るい）
図7 PWM信号波形とLEDの点灯／消灯の関係

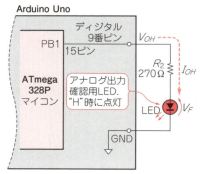

図8 PWM出力を使ったLEDの明るさを調整する接続
Arduinoに設定したデューティ比と出力波形が同じであることを確認する実験に使う

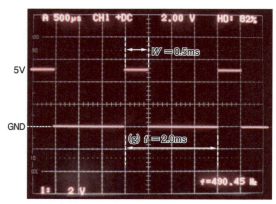

写真4 PWM信号の出力（2 V/div，500 μs/div）
設定したデューティ比（25%）と一致した

リスト5 アナログ出力でLEDを調光するプログラム

```
int led = 9;              ディジタル9番ピンを定義する
int pwmValue;             PWM変数を定義する
void setup() {            初期設定
  pinMode(led, OUTPUT);   ディジタル9番ピンを出力に設定
}
void loop() {             繰り返し実行する
  pwmValue = 256*25/100;  デューティ比を25%に設定する
  analogWrite(led, pwmValue);  アナログ出力（PWM出力）
  delay(1000);            1000 ms（＝1秒）待つ
  pwmValue = 256*75/100;  デューティ比を75%に設定する
  analogWrite(led, pwmValue);  アナログ出力（PWM出力）
  delay(1000);            1000 ms（＝1秒）待つ
}
```

まで，モータの速度制御や電熱線を使った温度制御などにも使われます．

● 測定方法

Arduino Unoでは，3，5，6，9，10，11の6ピンがPWM出力端子に該当します．PWM出力を用いたLED調光回路を図8に示します．

ここではPWM出力端子としてディジタル9番ピンを使用します．LEDは出力が"H"（V_{OH}）のときに電流（I_{OH}）が流れて点灯します．出力電流 I_{OH} = 10 mA として設計してみましょう．

図4(a)の"H"出力時の出力電圧特性から V_{OH} = 4.7 V となります．一般的な赤色LEDの順電圧は V_F ＝約2Vです．LEDに接続されている抵抗 R_2 はLEDと出力端子に過大な電流が流れないようにする電流制限の役目をします．抵抗 R_2 は次式より求められます．

$$R_2 = (V_{OH} - V_F)/I_{OL}$$
$$= (4.7 V - 2V)/10 mA = 270 Ω$$

● 測定結果

アナログ出力でLEDを調光するスケッチをリスト5に示します．PWM設定値は pwmValue という変数に格納します．アナログ出力は，analogWrite() で pwmValue の値に応じたPWM波形を出力します．

ここでは，(a)25%と(b)75%の2通りのデューティ比を設定して1秒間隔で交互に点灯しました．

オシロスコープで観測したアナログ出力（PWM波形）を写真4に示します．PWM波形の周波数は約490Hzであることが確認できます．(a)デューティ比を25%に設定したとき，周期が T = 2.0 ms でパルス幅が W = 0.5 ms となっており，設定値 W/T = 25%と一致しています．一方，(b)デューティ比を75%に設定したとき，周期は同じく T = 2.0 ms でパルス幅が W = 1.5 ms となっており，設定値 W/T = 75%と一致しています．

◆参考文献◆
(1) Arduinoのウェブ・サイト，http://arduino.cc/en/
(2) 8-bit Atmel Microcontroller with 4/8/16/32K Bytes In-System Programmable Flash，ATmega48A/PA/88A/PA/168A/PA/328/P Datasheet Complete，Rev. 8271E-AVR-07/2012，2012年7月，アトメル．

（初出：「トランジスタ技術」2013年3月号 特集 第2章）

第3章 Arduino IDEのインストールからボードを動かすまで

LEDが1秒周期でチカチカしたらスタンバイOK！

使用するプログラム Arduino IDE

島田 義人 Yoshihito Shimada

Arduinoボードを入手したら，スケッチ（プログラム）を作るための開発環境 Arduino IDEを準備します．ここでは統合開発環境を略してIDE(Integrated Development Environment)と呼んでいます．Arduino IDEはパソコン上で動作するソフトウェアです．これを使ってArduinoのスケッチを書き，Arduinoボードに転送して動作させます．

統合開発環境 Arduino IDEをインストール

● 手順1…Arduino公式サイトからファイルを入手

Arduinoの公式サイト（http://arduino.cc/）[注1]を開きます．図1のArduino公式サイトには最新の情報が用意されています．サイトのメニュー・バーにある［Download］をクリックすると，Arduinoのソフトウェアのウェブ・サイトが開きます．図2に示すように，Arduino IDEには，Windows，Mac OS X，Linuxに対応するパッケージが用意されていて，ここから最新のArduino IDEをダウンロードできます．

2015年11月現在のAduino IDEのバージョンは，Arduino 1.6.6です．

Windowsについては，「Installer」と「ZIP file for non admin install」の二つのリンクがあります．前者をクリックした場合は，インストーラが直接起動します．後者をクリックした場合は，ZIPファイルのダウンロードが開始されます．Admin権限を持たないユーザは，後者の方法でダウンロードしてください．Windows用のファイルは，「arduino-1.6.6-windows.zip」というzip形式の圧縮ファイルとなっています．

● 手順2…Arduino IDEのインストール

インストールは，ダウンロードした圧縮ファイル「arduino-1.6.6-windows.zip」（付属CD-ROMに収録）を展開し，好みのフォルダに配置するだけです．インストーラは付いていないので，ダウンロードしたファイルを右クリックして「すべて展開」を選択します．展開先に配置したい場所を指定し［展開］ボタンをクリックすると完了します．展開したフォルダ「arduino-1.6.6」の下にArduino.exeというファイルがあるので，これのショートカットをデスクトップに作っておくと便利です．図2に示すように，OSごとのインストール手順はArduino公式サイト［Getting Started(http://arduino.cc/en/Guide/HomePage)］のページで説明されています．

● 手順3…ArduinoをUSBケーブルでパソコンと接続

Arduino IDEをインストールしたら，マイコン・ボードArduinoを接続します．ここではArduino Unoを例に説明します（写真1）．ケーブルをパソコンのUSBポートに接続したらボードの「ON」という文字の横のLEDが点灯します．USB対応のArduinoは

図1 Arduinoの公式ウェブ・サイトを開く
http://www.arduino.cc/

注1：Arduino IDEは，http://arduino.orgからも入手できる．

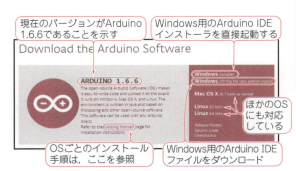

図2 Arduinoのソフトウェアのウェブ・サイトからArduino IDEをダウンロードする

統合開発環境Arduino IDEをインストール 25

(a) デバイス・ドライバが正常に認識された場合の表示例

(b) デバイス・ドライバが認識されなかった場合の表示例

図3 デバイス マネージャーを開き，Arduinoのデバイス・ドライバの認識状況を確認する

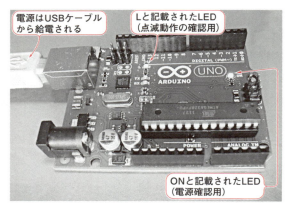

写真1 Arduino Uno R3ボードにUSBケーブルを接続したようす
USB対応のArduinoはUSBから給電されるので，電源を用意しなくてもよい

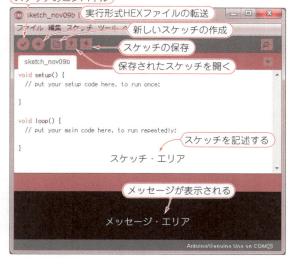

図5 起動後のArduino IDEの表示画面例

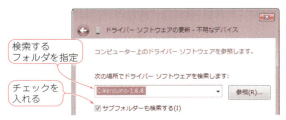

図4 Arduino Unoのドライバ・ソフトウェアの検索
Cドライブに「arduino-1.6.6」フォルダを置いた場合

USBから給電されるので，電源を用意しなくても動作します．

● 手順4…デバイス・ドライバをインストール

　USBケーブルを接続すると，デバイス・ドライバのインストールが始まります．パソコンに表示されているデバイス マネージャの「ポート（COMとLPT）」に，「Arduino UNO R3」が追加されています[図3(a)]．筆者の環境では，COM29に割り当てられました．これでドライバのインストールは完了です．

　もし，図3(b)に示すようにドライバが認識できない場合は，ドライバ・ソフトウェアの更新を試してください．「ほかのデバイス」にある「不明なデバイス」を右クリックし，図4に示すようにArduino IDEを展開したフォルダを指定すれば，手動でドライバ・ソフトウェアをインストールできます．

Arduinoボード上のLEDを点滅させてみよう

　Arduino IDEにはLEDを点滅させるサンプル・スケッチがあります．このスケッチを使ってArduinoボードを動かすためには次の手順が必要です．

● 手順1…Arduino IDEの起動

　展開したフォルダ「arduino-1.6.6」の下に，Arduino.exeというファイルがあり，これをクリックするとArduino IDEが起動します（図5）．Arduino-1.0.1からは多言語に対応しており，日本語OSを使っている場合はメニューが日本語で表示されます．

● 手順2…Arduino IDEのツール設定
▶Arduinoボードの選択
　図6に示すように［ツール］-［マイコン・ボード］と選び，接続しているArduinoボードを選択します．このリストの中にボードの名称が登録されていない場合は，互換性のあるボードの名前を選びます．搭載されているマイコンの種類（ATmega328，ATmega168）や，クロック周波数の違い（8 MHzか16 MHz）など，条件に近いボードを選択すれば動きます．
▶シリアルポートの選択

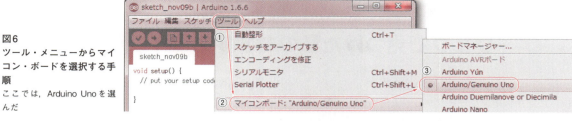

図6
ツール・メニューからマイコン・ボードを選択する手順
ここでは，Arduino Uno を選んだ

図7　ツール・メニューからArduinoに接続されたシリアルポートを選択する手順
この例ではCOM29にチェックを入れた

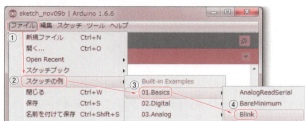

図8　ファイル・メニューからサンプル・スケッチを開く手順
「01.Basics」にある「Blink」ファイルを呼び出す

図7に示すように［ツール］-［シリアルポート］を選択すると，現在有効なポートがリストアップされます．ここでは，デバイス・ドライバをインストールした際に，Arduinoボードに割り当てられたポート番号を選択します．これが正しく設定されていないと，プログラムをボードに書き込めません．

● 手順3…スケッチの作成（サンプル・スケッチを使用）

Arduino IDEのウインドウが開いたら，LEDを点滅させるサンプル・スケッチの「Blink」を呼び出します．図8に示すように，メニューから［ファイル］-［スケッチの例］-［01.Basics］-［Blink］を選択します．すると，新しいウインドウが開き，サンプル・スケッチ（図9）が表示されます．

● 手順4…スケッチのコンパイル

図9に示すように，スケッチは人間が書いたり読んだりするためのプログラムなので，そのままArduinoボードでは実行できません．コンパイルといって，スケッチを実行形式のHEXファイルと呼ばれるデータに変換する必要があります．

Arduinoは実行形式のHEXファイルをボード上のマイコンに書き込んで初めて動きます．コンパイルは後述するファイルの書き込み時でも実行されるので，確実に動作するスケッチであれば，ここでのコンパイルは必須ではありません．なお，HEXファイルはパソコンのTempフォルダ内に一時的に格納されますが，ファイルの生成を意識する必要はありません．

● 手順5…実行形式HEXファイルの転送と実行

HEXファイルをパソコンからArduinoボードに転送します．操作は図9に示すようにウィンドウの上に

図9　スケッチのコンパイルと実行形式HEXファイルの転送

ある書き込みボタン（右矢印の形をしたアイコン）をクリックするとコンパイルが実行されます．しばらくすると下のメッセージ・エリアに，コンパイル後のスケッチのサイズが表示されます．

Arduinoボードでは，HEXファイルが転送されて書き込みが完了するとArduino Unoに搭載されているLEDが1秒周期で点滅します．

◆参考文献◆
(1) ArduinoのWebサイト，http://www.arduino.cc/，http://www.arduino.org/
(2) Getting Started with Arduino，http://arduino.cc/en/Guide/HomePage

(初出：「トランジスタ技術」2013年3月号 特集 第3章)

Arduinoボード上のLEDを点滅させてみよう　27

Appendix 3

純正開発ツール Arduino IDE にはない
ウェブで見つけた私のおすすめライブラリ

インターネット上には純正の開発ツール（Arduino IDE）にはない便利なライブラリがたくさんあります．しかし，必ずしも最新版の Arduino IDE に対応しているとは限りません．

Arduino は，α版の「0023」から正式版「1.0」にバージョンアップした際に一部のヘッダ・ファイルのファイル名が変更されました．このため，α版のときに作られて，それ以来更新されていないライブラリをコンパイルすると「error：WProgram.h：No such file or directory」というエラーが出ることがあります．

この場合「#include "Arduino.h"」と記述したファイルを「WProgram.h」というファイル名で「＜Arduino をインストールしたフォルダ＞¥arduino-1.0.3¥hardware¥arduino¥cores¥arduino」フォルダ内に置いておくとエラーを回避できることがあります． 〈江崎 徳秀〉

（初出：「トランジスタ技術」2013年3月号 特集 Appendix 3）

表1 ウェブで見つけた便利なライブラリ（2015年11月調べ）

ライブラリ名	内容	入手先	動作に必要な部材
Time	時刻や日付の処理を行う．Arduino で時計を作るときなどに便利	http://playground.arduino.cc/Code/Time	なし
MsTimer2	引き数で指定した時間間隔で，引き数で指定した関数を定期的に実行する	http://playground.arduino.cc/Main/MsTimer2	なし
PciManager	ピン入力割り込みを管理する．特定のピンの入力信号の変化を検知して指定した関数を実行する	https://github.com/prampec/arduino-pcimanager	なし
SoftTimer	指定した関数を指定した時間間隔で実行する．MsTimer2 と違い，複数の関数を異なる時間間隔で実行できるのでさらに便利．これを応用した SoftBlink や SoftPwm などのライブラリも含まれている．PciManager ライブラリをインストールしておく必要がある	https://github.com/prampec/arduino-softtimer/blob/wiki/SoftTimer.md	なし
Sleep_n0m1	Arduino をスリープ・モードにする．一定時間，あるいは入力信号があるまでスリープさせられる	https://github.com/n0m1/Sleep_n0m1	なし
triColorLEDs	PWM 出力ピンを使用してフルカラー LED を制御する	http://troywweber.blogspot.jp/2012/09/arduino-tri-colored-leds.html	フルカラー LED（カソード・コモン・タイプ），抵抗
CapacitiveSensor	Arduino の入力ピンを静電容量タッチ・センサとして使用する	http://playground.arduino.cc/Main/CapacitiveSensor?from=Main.CapSense	10MΩの抵抗
NewPing	超音波センサ・モジュールを制御して障害物までの距離を測定する	https://bitbucket.org/teckel12/arduino-new-ping/wiki/Home	超音波センサ・モジュール（Parallax など）
Tlc5940	テキサス・インスツルメンツ社製16チャネル LED ドライバ制御用	http://code.google.com/p/tlc5940arduino/	Arduino 用 LED 点滅制御シールド（共立電子）
Twitter	Arduino から Twitter につぶやきを投稿できる．SPI, Ethernet ライブラリをインクルードする必要がある	http://playground.arduino.cc//Code/TwitterLibrary	Ethernet シールド（Arduino など）
LCDBitmap	16文字×2行などのキャラクタ LCD モジュールにビット・マップ画像を表示させる．キャラクタ LCD モジュールとは，通常の4ビット接続以外にも I²C 接続やシフトレジスタを使用した2線，3線接続も可能．LiquidCrystal ライブラリをインクルードする必要がある	https://bitbucket.org/teckel12/arduino-lcd-bitmap/wiki/Home	LCD シールド（サンハヤトなど）
EasyButton	引き数で指定したディジタル入力ピンのレベルと "H" → "L" の変化を検出する．引き数に関数名と実行条件を指定すれば，update 関数（ピンの読み出し）の実行時に実行条件が成立した場合，自動的に指定した関数を実行できる	http://playground.arduino.cc//Code/EasyButton	プッシュ・スイッチなど
Arduino-tone-ac	Arduino IDE 標準の tone 関数を拡張した関数．指定した周波数の波形を PWM ピンから出力する．PWM ピンは2本必要．周波数，ボリューム，時間[ms]を指定できる	https://bitbucket.org/teckel12/arduino-toneac/wiki/Home	スピーカ，抵抗など

第2部 実験・計測用アナログ回路集

製作 1 分解能15ビットの計測用A-D変換アダプタ

使用するプログラム Arduino Program01

脇澤 和夫

白金測温抵抗体を接続すれば-25～+100±0.001℃が測定できる

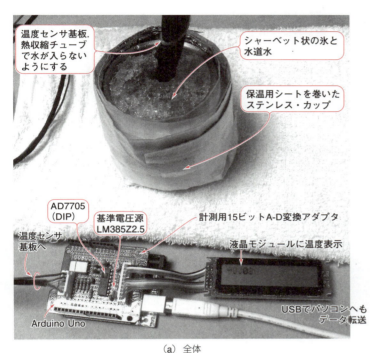

(a) 全体　　(b) センサ部

写真1　Arduinoで製作したアナログ・センサ計測アダプタを使用して温度を測る
氷を使って校正しているようす．水と氷が触れているところがほぼ0℃．100℃の校正には熱湯を使う

　Arduinoに実装されているA-Dコンバータは，分解能10ビットの逐次比較型です（約5mV分解能）．より高分解能で計測したいときは，パソコンなどから発生するノイズが気になるので，外付けのA-D変換器が欲しくなります．

　とはいえ，12ビットを越えたあたりからノイズ対策は大変になります．例えば電源電圧5Vでノイズが12ビットであれば，約1.2 mV（＝5÷4096）の精度が要求されますが，パソコンが出すノイズはそれを越えてしまい，信号がノイズに埋もれて測定できません．

　そこでノイズの影響を受けにくく，使いやすいA-D変換シールドを製作することにしました．

　有効分解能は15ビット（サンプリング・レート30Hz時）です．ここまで分解能が高ければ，水をかき混ぜたときの温度変化や，海の深さに対する温度差，人が部屋に入ってきたときの温度変化まで測れます．

本計測アダプタを使用した温度計の仕様
- 測定温度範囲：-25～+100℃程度
  ただし，LM385Zの使用温度範囲（保証値）は0～70℃
- 測定分解能：0.001℃[注1]
- 精度：校正による
- 製作費：5,000～5,500円

応用例
- ブリッジ回路（ロードセル，ひずみゲージ，圧力センサ）による，重さやひずみの計測
- ノイズが大きい環境で配線を引き回す用途（4～20 mAなど）
- 熱電対など出力がDCのセンサ（温度，湿度，重さ）

注1：白金測温抵抗体の抵抗変化とAD7705のプログラマブル・ゲイン・アンプのゲイン，コンバータの分解能から計算した値．

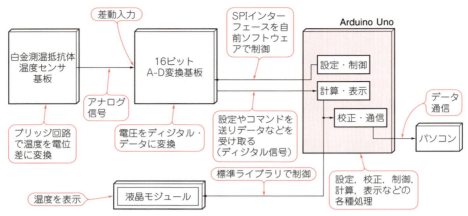

図1 Arduinoで製作した計測用A-D変換アダプタの構成

ハードウェア

製作した計測用A-D変換アダプタを**写真1**に，全体の構成を**図1**に示します．回路は，温度センサ回路とA-D変換基板に分かれています．センサ回路を**図2(a)**に，A-D変換基板の回路を**図2(b)**に示します．

■ センサ部

● 温度センサは白金測温抵抗体を使う

温度センサにはいろいろな種類があり，それぞれ異

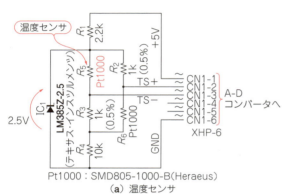

(a) 温度センサ

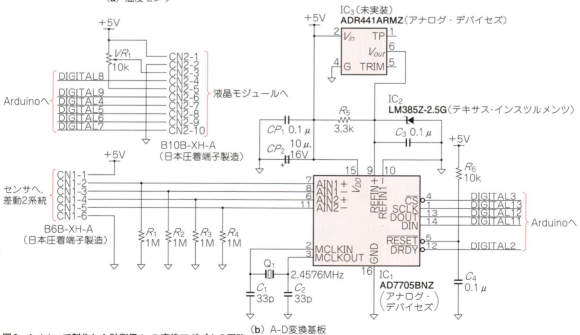

(b) A-D変換基板

図2 Arduinoで製作した計測用A-D変換アダプタの回路
温度で抵抗値が変わる薄膜白金温度センサと，チップ抵抗のブリッジ回路．TS＋とTS－の電圧差を差動入力A-Dコンバータで計測して温度を得る．A-D変換基板では，基準電圧源として，温度範囲－40～＋85℃，温度係数30 ppm/℃のLM385から，－40～＋125℃，10 ppm/℃のADR441を置き換えられるようにした

なる特性をもちます．今回は，比較的入手しやすく測定温度範囲も広い「薄膜白金温度センサ」を使います．

金属白金の電気伝導率が温度で変化する特性を利用した温度センサです．ITS-90（国際温度標準）規格で標準温度計として認められています．

0℃のときに1000Ωの電気抵抗をもつPt1000を使います．最近では一つ数百円で手に入るようになり，0℃での抵抗精度も0.5％程度とかなり高く，使いやすくなっています．

電流を流して抵抗値の変化を測定します．このエネルギでも発熱するので，安定するまで時間が必要です．これはサーミスタや半導体温度センサでも同じです．

温度センサにはほかにも次のようなものがあります．参考までに説明しましょう．

▶ サーミスタ

温度によって抵抗が変化する素子で，安価です．ただし，抵抗変化が直線ではないのでリニアライズ（直線化）が必要です．

▶ 熱電対

2種の金属の接合面の温度差で生じる電位差（ゼーベック効果）を利用したもので，信頼性が高く工業分野で広く使われています．ただし，2点間の温度差を計測するものなので零点補償が必要です．

▶ 半導体

半導体のエネルギ・ギャップを利用しています．ディジタル出力のタイプもあり，最近ではワンチップ・マイコンなどにも内蔵されています．

● 回路

回路を図2(a)に示します．

今回の製作では，薄膜白金温度センサとチップ抵抗でブリッジ回路を組むことで，差動入力のA-Dコンバータと接続しやすくします．センサ側にチップ抵抗と基準電圧を一緒にまとめ，チップ抵抗と基準電圧源ICの温度係数を見掛け上なくしています．本来なら薄膜白金温度センサは，定電流で動作させて電圧を読むのですが，今回は簡単な回路で構成しました．

校正に水を使うので（後述），センサは小さなユニバーサル基板に実装し，厚手の熱収縮チューブで保護します．

A-D変換基板とは信号線を2芯シールド線でつなぎ，+5Vの電源は別の電線で配線しています．

■ A-D変換部

製作したA-D変換シールドの回路を図2(b)に，部品表を表1に示します．

● 仕様

- 電源：DC5V，5mA以下（液晶などを含まず）
- 入力：2チャネル差動（入力電圧範囲は電源電圧を超えず，グラウンド電位を下回らないこと）
- 入力インピーダンス：1MΩ，対グラウンド
- 分解能：16ビット，ミスコードなし（PGA最大ゲインで1LSB = 0.3μV）
- 精度：0.2％程度（基準電圧源にADR441ARZ使用）最大サンプリング・レート：AD7705のスペックで500サンプル/s
- PGA機能：1倍〜128倍，8段階
- 温度ドリフト：20 ppm/℃ 以下（ADR441ARMZ + AD7705として）
- 静電気保護回路などはなし

電源からグラウンドまでの電圧範囲の信号であれば，高精度に測定できます．ただし，信号線にはグラウンド電位から+5V電位までの範囲の信号しか入力してはいけません．この範囲を超えるとA-Dコンバータ

表1 図2(a)のA-D変換基板の部品表

品　名	定数など	型　名	個数	メーカ名
セラミック・コンデンサ	33 pF	–	2	
積層セラミック・コンデンサ	0.1 μF	RPEF11H104Z2K1A01B	3	村田製作所
タンタル電解コンデンサ	10 μF，16 V		1	
コネクタ	6ピン	B6B-XH-A	1	日本圧着端子製造
	10ピン	B10B-XH-A	1	
A-Dコンバータ	16ビット，ΔΣ型	AD7705BNZ	1	アナログ・デバイセズ
水晶振動子	2.4576 MHz	HC49/U	1	
炭素皮膜抵抗器	1/4 W，1 MΩ	–	4	
	1/4 W，3.3 kΩ	–	1	
	1/4 W，10 kΩ	–	1	
基準電圧ダイオード	2.5 V	LM385Z-2.5G	1	テキサス・インスツルメンツ
半固定抵抗器	10 kΩ	GF063PB103	1	東京コスモス
ユニバーサル基板	Arduino ProtoShield Kit	DEV-07914	1	SparkFun

※液晶モジュール（SC1602BS*B-XA-GB-K），液晶モジュール側コネクタ（XHP-10）は外付け

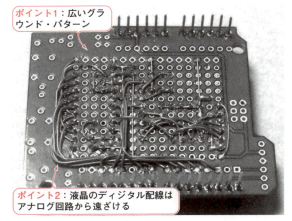

ポイント1：広いグラウンド・パターン

ポイント2：液晶のディジタル配線はアナログ回路から遠ざける

写真2 A-D変換基板はポイントさえ押さえればユニバーサル基板で作ってもきちんと性能が出る

が壊れます．

● 16ビット精度で$\Delta\Sigma$型のDIP品が優れもの

A-DコンバータICにはAD7705（アナログ・デバイセズ）を使いました．16ビット精度の$\Delta\Sigma$型で，パッケージもDIP品が比較的安価に手に入ります．Arduinoのディジタル・ポートに直接接続できます．電源は3～5V対応です．

外部に必要な部品点数も少なく，Arduino用のユニバーサル基板上に作れます．**写真2**のような「これで本当に16ビット精度は大丈夫？」といいたくなる配線でも，試しに乾電池の電圧を測ってみたところ"0.00001V"の表示値が安定していました（変換レート30Hz）．

ユニバーサル基板でこの性能を実現できたのは，A-Dコンバータの性能が高いことと，広いグラウンド・パターンのおかげです．

CN1には+5Vの電源と4本の信号線，グラウンドの6本が出ています．

▶ $\Delta\Sigma$型の変換原理とメリット

AD7705の内部ブロック図を**図3**に示します．$\Delta\Sigma$型でディジタル変換するしくみを**図4**に示します．

ArduinoやPICマイコンに内蔵されている逐次比較型A-Dコンバータに比べて変換速度は遅くなりますが，次のようなメリットがあります．

● $\Delta\Sigma$型はミスコードがない

入力の増加に対し，「変換後の数値が減る」ということがありません．逐次比較型では$R-2R$抵抗ラダーの誤差によってミスコードがおきる可能性があります．

● ディジタル・フィルタが使いやすい

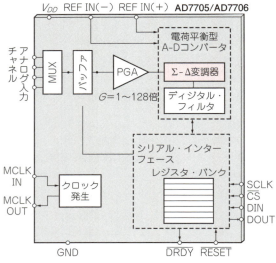

図3 A-DコンバータICに使ったAD7705の内部ブロック図

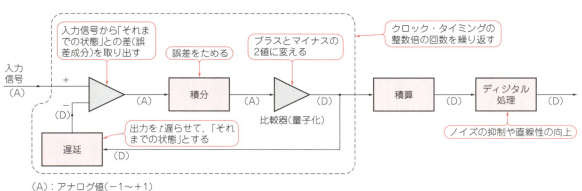

図4 一般的な$\Delta\Sigma$型A-Dコンバータのしくみ

▶差動入力でノイズに強い

センサとの接続は，電源，グラウンド，信号の3本でよさそうなものですが，そうではありません．

電源とグラウンドの電線には電源電流が流れています．そしてどんなに太い電線であっても電気抵抗が存在します．1mAの電源電流が流れていて1mΩの抵抗があれば1μVの電圧降下が発生します．基準電圧としているグラウンドの電圧が1μVずれるということです．実際のノイズはもっと大きくなり，除去する方法はありません．

信号線2本による差動信号にすれば，電源電流の影響は受けません．2本の信号線の片方を基準として，もう片方との電圧の差を測定します．

外部から信号ラインにノイズが入り込んだ場合でも両方の信号線に同じノイズが入ったのであれば電圧の差をとることでノイズを取り除けます．

▶除去する周波数の変更が簡単

信号線に飛び込んでくるノイズには，周波数が分かっているものがあります．主なものはコンセントの商用電源周波数です．

地域全体には同じ周波数の電力が供給されているので，ちょっとしたループ（輪になった電線）があれば商用電源周波数の電流が流れていると考えます．アナログ計測では大きなループを作らないようにしています．

商用電源周波数を通さないフィルタを用意すれば，このノイズを気にせずに測定できます．AD7705を含むΔΣ型A-Dコンバータのほとんどは，ディジタル処理部分にこのフィルタを内蔵しています．

関東と関西で商用電源周波数が違うので，除去する周波数を変える必要があります．AD7705では単にレジスタ設定の1ビットを書き換えるだけで済みます．

▶内蔵アンプで増幅率を設定しながら計測できる

AD7705の大変便利な機能として，PGA（Programmable Gain Amplifier；可変増幅率アンプ）があります．レジスタ設定だけで，1，2，4，8，…，128倍までの倍率設定ができます（2のN乗倍）．

基準電圧を2.5Vとすると，2.5Vの振幅から約20mVの振幅まで外部アンプなしで対応できます．

● 周辺部品

▶AD7705の端子

AD7705は入力が2チャネルあります．両方とも差動入力なので電圧と電流両方を測定するなどの用途にも便利に使えます．アナログ入力は静電気対策として，抵抗でグラウンドに接続してあります．

A-Dコンバータの入力とグラウンド間に接続してある1MΩの抵抗器は一般のパーツ店で入手しやすい最大の値ということで選んでいます．入力が開放状態にならず，被測定物になるべく影響を及ぼさない，と

いう意味で使っています．

リセット端子の10kΩと0.1μFはごく一般的な値です．単にプルアップするだけでも動作しますが，念のためリセット時間を作るコンデンサを接続しました．

▶基準電圧源

実験では，入手性の関係から基準電圧源にLM385Z-2.5を使いました．最近ではもっと高精度な基準電圧源もあります．AD680などを使えば計測精度を上げることも可能です．

LM385シリーズは，経験的に0.5m～1mA程度の電流を流して使うのが一番安定しているので，5Vからの抵抗に3.3kΩを使っています．並列の0.1μFはノイズを少しでも減らすのが目的ですが，大きなフィードバックのかかっている電圧リファレンス（TL431など）では発振することが多いので，その場合はCRフィルタを入れます．

▶液晶モジュール用コネクタ

市販のArduino用ユニバーサル基板に，標準的な16けた×2行の液晶モジュールを接続するためのコネクタを搭載しました．液晶モジュールは+5V電源ピンが1番ピンの場合と2番ピンの場合があります．

● 基板を作るときの三つのポイント

（1）AD7705のアナログ・グラウンド端子からAD7705の下，入力まわりの抵抗周辺に広いグラウンド・パターンを作っておく
（2）液晶モジュールとA-Dコンバータ周辺の回路とはなるべく離しておく
（3）コネクタは日本圧着端子製造を使っているが特にこだわらない（XHコネクタは圧着工具がないと作業しにくい）

プログラム

リスト1に，作成したプログラムを示します．液晶モジュールとEEPROMには標準的な付属ライブラリを使っています．

AD7705とのインターフェースは独自に記述していますが，SPIライブラリを使っても記述できます．

パソコンからUSB経由で電源を取ると同時に，液晶表示とほぼ同じ内容をパソコンに送っています．開発環境Arduino IDE（第3章で解説）の右上にあるコンソール表示でも見られますが，ターミナル・エミュレータ（Tera Termなど）でデータの取得&ロギングができます．

リスト1　製作したアナログ・センサ計測アダプタのArduino用プログラム

```c
// 液晶モジュール用ヘッダ・ファイル
#include <LiquidCrystal.h>                                   ──A
// EEPROM用ヘッダ・ファイル
#include <EEPROM.h>

// 液晶モジュールのピン設定                                   ──B
LiquidCrystal lcd(8, 9, 4, 5, 6, 7);

// AD7705とのインターフェース(入出力はArduinoのポートの方向)
int DRDY = 2;      // データ・レディ(入力)
int CS = 3;        // チップ・セレクト(出力)                  ──C
int DIN = 11;      // データ(出力)
int DOUT = 12;     // データ(入力)
int SCLK = 13;     // シリアル・クロック(出力)

// AD7705への1バイト送信(SCLKとDINだけ駆動)
void send_AD7705( unsigned char d ) {
 unsigned char i;
 for( i = 0; i < 8; i ++ ) {              // 8ビット分繰り返し
  digitalWrite( SCLK, LOW );              // クロック線を"L"にする
  if( d & 0x80 ) digitalWrite( DIN, HIGH ); // データ・ビットを準備   ──D
  else           digitalWrite( DIN, LOW );
  digitalWrite( SCLK, HIGH );             // クロック線を"H"に戻す
  d *= 2;                                 // 左シフト
 }
}

// AD7705から1バイト受信(SCLKだけ駆動)
unsigned char recv_AD7705() {
 unsigned char i, d;
 d = 0;
 for( i = 0; i < 8; i ++ ) {
  digitalWrite( SCLK, LOW );              // クロック線を"L"にする
  d *= 2;                                 // 左シフト              ──E
  if( HIGH == digitalRead( DOUT ) ) d += 1; // HIGHならビットを立てる
  digitalWrite( SCLK, HIGH );             // クロック線を"H"に戻す
 }
 return d;
}

// AD7705の初期化
void setup_AD7705() {
 // 1. ポートの向きを設定
 pinMode( DRDY, INPUT );
 pinMode( CS, OUTPUT );
 pinMode( DIN, OUTPUT );
 pinMode( DOUT, INPUT );
 pinMode( SCLK, OUTPUT );
 // 2. 出力ポートは"H"にしておく
 digitalWrite( CS, HIGH );
 digitalWrite( DIN, HIGH );
 digitalWrite( SCLK, HIGH );
 // AD7705シリアル・ポート初期化
 delay( 10 );                             // 10ms待ち
 digitalWrite( CS, LOW );                 // アクセス開始            ──F
 send_AD7705( 0xff );                     // 最低32ビットの"H"を送信することで
 send_AD7705( 0xff );                     // AD7705のシリアル・ポートをリセットできる
 send_AD7705( 0xff );
 send_AD7705( 0xff );
 send_AD7705( 0xff );
 digitalWrite( CS, HIGH );                // リセット終了
 delay( 1 );
 // 初期化：クロック設定
 digitalWrite( CS, LOW );                 // アクセス開始
 send_AD7705( 0x20 );                     // クロック・レジスタを選択
 digitalWrite( CS, HIGH );
 delayMicroseconds( 10 );
 digitalWrite( CS, LOW );                 // アクセス開始
 send_AD7705( 0x08 );                     // クロック,出力更新レートを選択
 // 電源周波数が60Hzの地域では0x08, 50Hzの地域では0x09
 digitalWrite( CS, HIGH );
 delayMicroseconds( 10 );
 // 初期化：セットアップ・レジスタ設定による自動校正
 digitalWrite( CS, LOW );                 // アクセス開始
 send_AD7705( 0x10 );                     // セットアップ・レジスタを選択
 digitalWrite( CS, HIGH );
 delayMicroseconds( 10 );
 digitalWrite( CS, LOW );                 // アクセス開始
 send_AD7705( 0x40 );                     // バイポーラ動作,セルフ・キャリブレーション実行
 digitalWrite( CS, HIGH );
 delay( 1 );
 while( LOW == digitalRead( DRDY ) ) {    // 校正終了待ち
  delay( 1 );
 }
 // 初期化：セットアップ・レジスタ設定によるゲイン設定
 digitalWrite( CS, LOW );                 // アクセス開始
 send_AD7705( 0x10 );                     // セットアップ・レジスタを選択
 digitalWrite( CS, HIGH );
 delayMicroseconds( 10 );
 digitalWrite( CS, LOW );                 // アクセス開始
 send_AD7705( 0x28 );                     // バイポーラ動作,ゲイン32倍に切り替え
 digitalWrite( CS, HIGH );
}

// AD7705からのデータ読み出し(変換が終わるまで待ってデータを読み出す)
unsigned int conv_AD7705() {
 unsigned int d;
 unsigned char h, l;

 while( LOW == digitalRead( DRDY ) ) {    // 変換終了待ち
  delay( 1 );
 }
 digitalWrite( CS, LOW );                 // アクセス開始
 send_AD7705( 0x38 );                     // データ・レジスタ読み出しを選択  ──G
 digitalWrite( CS, HIGH );
 delayMicroseconds( 10 );
 digitalWrite( CS, LOW );                 // アクセス開始
 h = recv_AD7705();                       // 上位バイト
 l = recv_AD7705();                       // 下位バイト
 digitalWrite( CS, HIGH );
 d = ( h << 8 ) + l;
 return d;
}

// 温度校正のためのEEPROMデータ・エリア
int EE_ZERO = 0;
int EE_HUNDRED = 4;
int EE_CALIB = 8;

// 校正データをRAMにコピーするためのエリア                    ──H
unsigned long int zero, hundred;

// 温度校正ルーチン
void temp_calib() {
 char c;
 unsigned long int d;
```

● **構成**

A　ヘッダ・ファイル

　液晶モジュールとEEPROM関連のプログラムはライブラリ関数を使うため，ヘッダ・ファイルをinclude(組み込み)します．

B　液晶モジュールのピン設定

　C++のような記述で，lcdというオブジェクト(目的のもの)を指定しています．これだけで液晶関連のメソッド(オブジェクトに対する操作をする関数，サブルーチン)ライブラリが使えるようになります．

C　AD7705とのインターフェース指定

　ArduinoとAD7705を接続するピン番号を記述し，名前を付けておきます．注釈にある入出力の方向はArduino側のものです．

　AD7705とのやりとりは8ビット，16ビットなどがあるため，プログラムでは8ビット単位の送受信を必要に応じて繰り返します．

D　AD7705へ読み出し開始を伝える1バイト送信

　SPIと同じ送信を記述してあります．ここではSCLKとDINだけを操作します．

E　AD7705からのデータ出力終了を伝える1バイト受信

　SPIと同じ受信を記述してあります．ここでは

```
    int i;

    c = Serial.read();
    if( 'C' != c && 'c' != c ) return;
    Serial.print( zero );
    Serial.print( ' ' );
    Serial.println( hundred );
//   0℃か，100℃か，データ破棄か
    Serial.print( "Calibrate 0)0deg.C 1)100deg.C X)discard ?" );
    while( 0 == Serial.available() ) { }    // 入力待ち
    c = Serial.read();
//   データ破棄：生データ表示に戻す
    if( 'x' == c || 'X' == c ) {
      Serial.println( "0" );
      for( i = EE_ZERO; i <= EE_CALIB; i ++ ) {
        EEPROM.write( i, 0 );
      }
      return;
    }
//   0℃での校正（かき氷＋水で行う）
    else if( '0' == c ) {
      Serial.println( "0" );
//     10回の総和をとってEEPROMに保存
      d = 0;
      for( i = 0; i < 10; i ++ ) d += conv_AD7705();
      zero = d;    // RAMにもコピー
      EEPROM.write( EE_ZERO, (unsigned char)( 0xff & d ) );
      d >>= 8;
      EEPROM.write( EE_ZERO + 1, (unsigned char)( 0xff & d ) );
      d >>= 8;
      EEPROM.write( EE_ZERO + 2, (unsigned char)( 0xff & d ) );
      d >>= 8;
      EEPROM.write( EE_ZERO + 3, (unsigned char)( 0xff & d ) );
      Serial.println( "0 degree C calibrated." );
    }
//   100℃での校正（沸騰している水で行う）
    else if( '1' == c ) {
      Serial.println( "1" );
//     10回の総和をとってEEPROMに保存
      d = 0;
      for( i = 0; i < 10; i ++ ) d += conv_AD7705();
      hundred = d;                          // RAMにもコピー
      EEPROM.write( EE_HUNDRED, (unsigned char)( 0xff & d ) );
      d >>= 8;
      EEPROM.write( EE_HUNDRED + 1, (unsigned char)( 0xff & d ) );
      d >>= 8;
      EEPROM.write( EE_HUNDRED + 2, (unsigned char)( 0xff & d ) );
      d >>= 8;
      EEPROM.write( EE_HUNDRED + 3, (unsigned char)( 0xff & d ) );
      Serial.println( "100 degree C calibrated." );
    }
    else return;                            // それ以外の文字だったら校正しない
//   0℃，100℃両方校正できていたら校正済みのフラグをセット
    if( ( 0 != EEPROM.read( EE_ZERO ) | EEPROM.read( EE_ZERO + 1 ) |
                EEPROM.read( EE_ZERO + 2 ) | EEPROM.read( EE_ZERO + 3 ) ) &&
        ( 0 != EEPROM.read( EE_HUNDRED ) | EEPROM.read( EE_HUNDRED + 1 )
) |
                EEPROM.read( EE_HUNDRED + 2 ) | EEPROM.read( EE_HUNDRED + 3
) ) ) {
      EEPROM.write( EE_CALIB, 'C' );
    }
  }
}

//   初期化のために最初に1回だけ呼ばれる関数
void setup() {
  int i;

  lcd.begin(16, 2);           // 液晶モジュールの初期化
  Serial.begin( 9600 );       // シリアル・ポートの初期化
  setup_AD7705();             // AD7705の初期化
//   EEPROMから校正データをRAMに準備
  if( 'C' == EEPROM.read( EE_CALIB ) ) {
    zero = (long)EEPROM.read( EE_ZERO ) + ((long)EEPROM.read( EE_ZERO + 1 ) * 256L) +
           ( (long)EEPROM.read( EE_ZERO + 2 ) * 65536L );
    hundred = (long)EEPROM.read( EE_HUNDRED ) + ( (long)EEPROM.read( EE_HUNDRED + 1 ) * 256L ) +
           ( (long)EEPROM.read( EE_HUNDRED + 2 ) * 65536L );
  }
  else {
    zero = 0;
    hundred = 0;
  }
/* for( i = 0; i < 10; i ++ ) {
    Serial.print( EEPROM.read( i ) );
    Serial.print( ' ' );
  }
  for(;;);
*/
}

//   動作時に繰り返し呼ばれる関数
void loop() {
  long int d;
  int i;
  float t;

//   シリアル・ポートから何か入ってきていたら校正ルーチンを実行
  if( 0 != Serial.available() ) temp_calib();
//   校正ができていれば温度表示，できていなければ生データ表示
  if( 'C' == EEPROM.read( EE_CALIB ) ) {
//     校正ができている場合
    d = 0;
    for( i = 0; i < 10; i ++ ) d += conv_AD7705();
    d -= zero;
    t = (float)d / (float)( hundred - zero ) * 100.0;
    lcd.setCursor(0,0);
    lcd.print( t, 3 );
    lcd.print( ' ' );
    Serial.println( t, 3 );
    delay( 100 );
  }
  else {
//     校正ができていない場合
    d = 0;
    for( i = 0; i < 10; i ++ ) d += conv_AD7705();
    lcd.setCursor(0,0);
    lcd.print( "R:" );       // 生データであることの表示
    lcd.print( d );
    lcd.print( ' ' );
    Serial.println( d );
    delay( 100 );
  }
}
```

SCLKだけを操作し，DOUTを順に読み取っています．

Ⓕ AD7705の初期化

ポートの向きを設定し，必要に応じて信号レベルを決めておきます．AD7705ではすべて"H"にしておく必要があります．

AD7705のシリアル・インターフェースは32ビット以上の"H"を送信すれば初期状態にリセットできるので，ここでリセットしておきます．

設定するのはクロック・レジスタとセットアップ・レジスタです．セットアップ・レジスタでは自動キャリブレーションを行い，その後，通常動作をするよう にします．

薄膜白金温度センサの出力は小さいのでPGAの増幅率は32に設定します．

Ⓖ AD7705からのデータ読み出し

コンバータの変換が終わるまで待って，16ビットのデータを読み出す関数です．AD7705ではまず，データ・レジスタを読み出す指定をして，その後連続して16ビットのデータを取り出します．

Ⓗ 温度計としての校正

薄膜白金温度センサ・ユニットからのデータをAD7705から読み出しただけでは温度計にはなりませ

ん．そこで比較的手軽にできる0℃と100℃での温度校正ルーチンを用意しました．

校正はシリアル・コンソールから0℃，100℃それぞれを行うことができ，それまでの校正データを破棄する機能(生データ表示に戻す)もあります．

校正方法は後述します．

① 初期化のために最初に1回だけ呼ばれる関数（Arduino特有）

setup関数はリセットされたときなどに1回だけ呼び出されます．

ここでは液晶モジュール，シリアル・ポート(USB経由)，AD7705の初期化を行ったのちに，EEPROMのデータを見て，校正データがあればそれをRAMにコピーして，温度表示ができるようにします．

⑤ 動作時に繰り返し呼ばれる関数（Arduino特有）

loop関数は動作中に何度でも繰り返し呼び出されます．これがプログラムのメインとなります．

シリアル・ポートに何か文字が来ていれば(ホスト・コンピュータのシリアル・コンソールで送信をすれば)，校正ルーチンへ行きます．

温度校正ができていれば表示とシリアル出力は温度になります．10回の総和をとり，温度校正時のデータと計算することで温度に変換して表示します．

校正ができていなければ生データとして表示・シリアル出力を行います．

Arduino IDEのコンパイラでは変数の型が自動変換され，明示しない場合の計算が整数型で行われるため，必要に応じて自分でキャスト(型の明示)をする必要があります．これはC言語と同じです．

校　正

● 何を基準にしたらいい？

何を測るにしても，必要なものが二つあります．「基準点(スタンダード)」と「標準(規格)」です．

長さを測定するなら「どこから測定するか」が基準点で，それをゼロとして測らなければなりません．「何と比較するか」が標準で，現在は1メートルという世界標準があって，それと比較することになります．他の計測でもすべて同じで，基準点と標準がなければ測定はできません．

温度標準は，国際温度目盛ITS-90で規定されています．

● 基準温度用に氷と熱湯を用意する

従来の水の氷点0℃，水の沸点100℃というのは現在では正確な温度標準ではありませんが，手軽に作れる温度なので，これで簡易校正ができます．

0℃は，水道水の「かき氷」に水道水を少し入れてシャーベット状にして作ります(**写真1**)．容器は保温シートなどで包んですぐには溶けないようにします．水と氷が触れ合っている場所がほぼ0℃です．ガラス・コップなどに水と氷を入れてもなかなか0℃にはなりません．

100℃は，沸騰している水道水で作ります．ただし沸騰を始めてからしばらくしないと100℃になりません．ビーカなどで行う場合は沸騰石や短く切ったガラス管などを入れてできるだけ細かい泡が出るようにしておきます．

筆者は，校正をするときにはセンサ部分を厚手の熱収縮チューブに入れて折り返すことで防水しています．

● 操作

シリアル・コンソールから"C(キャリブレーション)"を送信すると次のように聞いてきます．

> Calibrate　0)0deg.C　1)100deg.C　X)discard?

"X"を入力すると，液晶，シリアル・コンソールの表示は小数点なしの数値(生データ)になります．

温度センサ・ユニットを0℃(シャーベット状の氷水)に入れて数値が安定するまで待ちます．十分に安定したらシリアル・コンソールから"C"を送信し，次に'0'を入力します．

次に温度センサを100℃(沸騰中の水)に入れて，数値が安定するまで待ち，シリアル・コンソールから"C"を送信，'1'を入力します．

校正時のデータはEEPROMに書き込まれ，保存されます．

両方のデータがそろうと校正済みを示すデータをEEPROMに書き込むので，表示が温度になります．

◆参考文献◆

(1) AD7705/AD7706リファレンス・マニュアル，アナログ・デバイセズ．
(2) LM285-2.5/LM385-2.5マニュアル，テキサス・インスツルメンツ．
(3) AD680リファレンス・マニュアル，アナログ・デバイセズ．
(4) 1990年国際温度目盛(ITS-90)日本語訳，計量研究所．

(初出:「トランジスタ技術」2013年3月号 特集 第1実験ベンチ)

製作 2	充電時間カウント方式で μAオーダを測る微小電流メータ

使用するプログラム
Arduino Program02

脇澤 和夫

低消費電力マイコンの待機時消費電流も丸見え

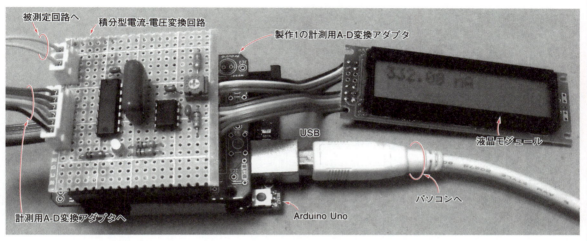

写真1　Arduinoで製作した微小電流メータ

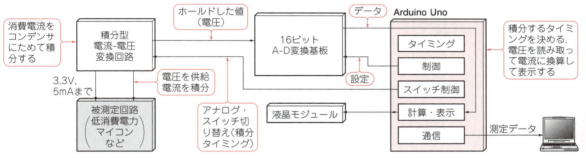

図1　Arduinoで製作した微小電流メータのブロック図

　写真1に示すのは，Arduinoで製作した微小電流メータです．製作1の計測用A-D変換アダプタと組み合わせて使います．最近のワンチップ・マイコンの低消費電力モードなど，電源電流変動の大きいデバイスの消費電流を積分しながら測定します．

　図1に，微小電流メータのブロック図を，図2に回路を示します．

　計測できるのは直流だけで，交流成分や変動などは測れません．高抵抗や特殊なOPアンプを使う高ゲイン電流アンプを作る必要がなく，比較的簡単に微小電流を計測できます．時間軸で平均化できるのでノイズをキャンセルでき，発振の心配も少ないです．

仕様
- 負荷印加電圧：3.3 V
- 積分時間：1 s
- 電流分解能：約125 μA
- 入力電流範囲：10 μ〜1 nA 程度
- 積分時間：10 m〜1000 ms
- ノイズ・レベル：1 nA 程度
  （ユニバーサル基板使用時）
- 制作費：8,500〜9,000 円

応用例
- 低消費電力マイコンの微小電流の平均値を測る

ハードウェア　37

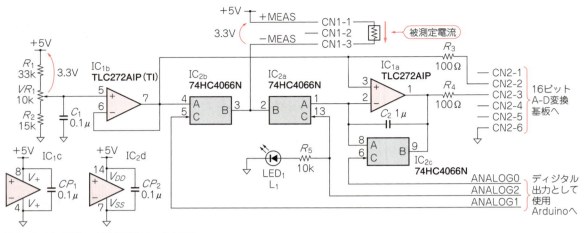

図2 Arduinoで作った微小電流メータの回路
OPアンプによる積分回路＆マイコンによる正確な積分時間設定の合わせ技

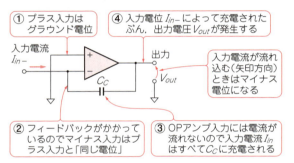

図3 OPアンプで積分回路を構成

- X線を当てたときに生じる微小電荷積算
- 暗所の暗ノイズを測る（フォトダイオードや照度センサの微小電流を測る）
- OPアンプの入力バイアス電流を測る

ハードウェア

● 積分回路を使うメリット

- 微小電流も時間をかけて積分することで測定できるようになる（積分時間を10倍にすれば1/10の電流を測定できる）
- 平均化されるのでノイズ・キャンセルもできる
- 一般的な部品で作れる
- 増幅しているのではなく，電荷をためているだけなので，発振などトラブルの恐れがほとんどない
- サンプル＆ホールドとしての機能もあるのでA-Dコンバータにつないでも安定した計測ができる
- 工夫次第で高価なマルチメータを凌駕する計測が可能

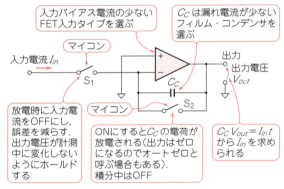

(a) 回路

状態	S_1	S_2	V_{out}
初期	OFF	ON	0
積分中	ON	OFF	変化する
出力電圧計測中	OFF	OFF	一定（漏れ電流でわずかに変化）

(b) スイッチ設定と出力の関係

図4 積分回路を使うと平均電流が分かる

● 積分回路の動作

図3に，OPアンプによる積分回路を示します．

フィードバックがかかっている理想OPアンプはプラス入力とマイナス入力の電位差がゼロになり，入力端子には電流が流れません．プラス入力を一定電位（グラウンドなど）にしておき，マイナス入力と出力の間にコンデンサ C_C [F] を接続します．

積分回路は，コンデンサ容量の関係「入力電流と時間に比例して出力電圧が決まる」を応用しています．

$$Q = CV = It \quad \cdots\cdots\cdots\cdots\cdots\cdots (1)$$

ただし，Q：電荷 [c]，

リスト1　Arduinoで作った微小電流メータのプログラム
※の部分は，製作1のリスト1と同じ

```
// 液晶モジュール用ヘッダ・ファイル
#include <LiquidCrystal.h>
// EEPROM用ヘッダ・ファイル
#include <EEPROM.h>

#define COUNT2mV 237.2    // AD7705出力値から電圧への変換係数

// 液晶モジュールのピン設定
LiquidCrystal lcd(8, 9, 4, 5, 6, 7);

// AD7705とのインターフェース(入出力はArduinoのポートの方向)
※製作1のリストと同じ

// 積分器とのインターフェース
int izero = 14;
int ipass = 15;
int isample = 16;

// AD7705への1バイト送信(SCLKとDINだけ駆動)
※製作1のリストと同じ

// AD7705から1バイト受信(SCLKだけ駆動)
※製作1のリストと同じ

// AD7705の初期化～// AD7705からのデータ読み出し(変換が終わるまで待ってデータを読み出す)
※製作1のリストと同じ

// ゼロ点を記憶するエリア
unsigned long int zero;

// 初期化のために最初に1回だけ呼ばれる関数
void setup() {
  int i;

  lcd.begin(16, 2);               // 液晶モジュールの初期化
  Serial.begin( 9600 );           // シリアル・ポートの初期化
  pinMode(izero, OUTPUT );        // 積分器関連初期化
  pinMode(ipass, OUTPUT );
  pinMode(isample, OUTPUT );
  digitalWrite(izero, HIGH);
  digitalWrite(ipass, HIGH);
  digitalWrite(isample, LOW);
  setup_AD7705();                 // AD7705の初期化
  delay(1000);                    // 安定待ち

  digitalWrite(CS, LOW);          // アクセス開始
  send_AD7705( 0x02);
                                  // コミュニケーション・レジスタでチャネル0，入力なしを選択
  digitalWrite(CS, HIGH);
  delayMicroseconds(10);
  digitalWrite(CS, LOW);          // アクセス開始
  send_AD7705( 0x02);
                                  // コミュニケーション・レジスタでチャネル0，入力なしを選択
  digitalWrite(CS, HIGH);
  delay(10);

  zero = 0;
  for( i = 0; i < 10; i ++ ) zero += conv_AD7705();
                                  // 10回分の総和を保管

  digitalWrite(CS, LOW);          // アクセス開始
  send_AD7705( 0x00);
                                  // コミュニケーション・レジスタでチャネル0選択
  digitalWrite(CS, HIGH);
  delayMicroseconds(10);
  digitalWrite(CS, LOW);          // アクセス開始
  send_AD7705( 0x00);
                                  // コミュニケーション・レジスタでチャネル0，入力なしを選択
  digitalWrite(CS, HIGH);
  delay(10);
}

// 動作時に繰り返し呼ばれる関数
void loop() {
  long int d;
  int i;
  float v;

  digitalWrite( izero, HIGH );    // auto zero
  digitalWrite( ipass, HIGH );
  delay( 100 );
  digitalWrite( izero, LOW );     //sample start
  digitalWrite( isample, HIGH );
  digitalWrite( ipass, LOW );
  delay(1000);
  digitalWrite( ipass, HIGH );    // sample stop
  digitalWrite( isample, LOW );   // and hold
  d = - zero;
  for( i = 0; i < 10; i ++ ) d += conv_AD7705();
  v = ( float )d / COUNT2mV;
  lcd.setCursor(0, 0);
  lcd.print( v );
  lcd.print( "nA " );
  Serial.println( v );
  digitalWrite( izero, HIGH );    // discharge
}
```

C：コンデンサの静電容量 [F]，
V：電圧 [V]，I：電流 [A]，
t：時間 [s]

　コンデンサに電荷がたまっていなければ，マイナス入力の電位と出力の電位は同じです．そして，プラス入力も同じ電位ですから，OPアンプの三つの端子はすべて同電位です．

　マイナス入力に電流が外部から流れ込む場合も考えましょう．

　OPアンプのマイナス入力に電流は流れませんから，電流はコンデンサに流れ，充電されていきます．OPアンプはプラスとマイナスの両端子間の電位差がなくなるように動きますから，マイナス入力はプラス入力と同じ電位のまま，出力の電位だけが変化します．

　電流がマイナス入力へ流れ込む場合は出力はマイナス電位に変化します．電流の変化があっても，OPアンプの出力が飽和しない限り，マイナス入力に流れた電流の総和分がコンデンサに充電されます．

● 積分回路の出力で平均電流が分かる

　図4に，積分回路が平均電流を測定するしくみを示します．

　式(1)から分かるように，容量の分かっているコンデンサを使い，時間を決めて積分してコンデンサ両端の電圧を測れば，流れた電流の平均値を知ることができます．

　積分時間はArduinoでほぼ正確に作れます．コンデンサの値はかなり自由に選ぶことができます．これにより，従来の電流計では困難だった長時間の平均電流が計測できます．

● 平均電流の測定回路

　OPアンプIC_{1B}のプラス入力電位(仮のグラウンド

ハードウェア　39

となる)を+1.7 Vにすれば+5 V電源との間に3.3 V一定の電位差ができます．ここに3.3 V動作の回路を接続すれば，消費電流を測定できます．ただしTLC272を使う場合はピーク値で5 mAまでにしてください．

コンデンサは性能の良い1000 p～1 μFのフィルム・タイプを使います．ほぼマイラ・コンデンサの容量範囲と同じです．電解やセラミックは使えません．

AD7705を搭載した計測用A-D変換シールド(製作1のシールド)を使うとディジタル出力信号の本数がぎりぎりになります．今回はアナログ入力ピンをディジタル出力として使って動作をさせています．VR_1は3.3 Vの設定用です．

プログラム

リスト1に，作成したスケッチを示します．次の手順で計測をしています．

> (1) IC_{2b}をONにして被測定物に電源電流を流しながら，IC_{2a}をOFF，IC_{2c}をONにしてC_2にたまった電荷を抜きます(オートゼロ動作，このときの出力電圧を基準点として測定しておく)．
> (2) 被測定物の動作が安定し，C_2の電荷が抜けたらIC_{2b}をOFF，IC_{2a}をON，IC_{2c}をOFFにして積分を開始します．
> (3) `delay`関数で一定時間を計り，IC_{2b}をON，IC_{2a}をOFFにして積分を終了させます．このときのOPアンプ出力電圧を測定し，基準点と比較すれば上記の式から電流の平均値を知ることができます．

今回，コンデンサに1 μFを使いましたので，1秒の積分時間であれば，1 Vが1 μAに相当します．

(初出：「トランジスタ技術」2013年3月号 特集 第2実験ベンチ)

製作 3 フルスケール1nA, 分解能1pAの微小電流測定アダプタ

100GΩの高抵抗もバッチリ！ケーブルのわずかな振動も捉える

使用するプログラム Arduino Program03

藤崎 朝也

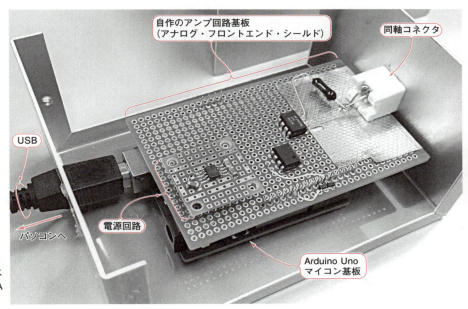

写真1 Arduinoで製作したフルスケール1nA, 分解能1pAの微小電流アダプタ

回路に電気が流れる際に発生するノイズは, 電子機器の高精度化の妨げになります.

例えば, 機器をつなぐケーブルが振動するだけでもごく微小の電流ノイズが発生します. 電流ノイズの状態を知るには測定器が必要ですが, 市販品は高価です.

そこで, 市販の測定器のように多機能で測定値が保証されていないものの, 1pA分解能を持ち1nAまでの直流電流を検出できる写真1の測定器を製作しました.

基板に実装した同軸コネクタで対象物からの漏れ電流を直接検出します.

自作のアンプ回路基板と市販のArduino Unoマイコン基板を組み合わせてデータを取り込み, パソコンで表示させます. アンプ回路基板は, 秋葉原のパーツ・ショップやインターネット上から購入できる部品だけで構成しました.　　　　　　　　　　　〈編集部〉

仕様

▶外部仕様
- 表示分解能は1pA程度
- 測定値のフルスケールは±1nA程度
（正負両極性の電流に対応）

▶内部仕様
- A-Dコンバータ(10ビット)の入力はArduino Unoマイコン基板のアナログ入力ピンを使用
- OPアンプの正電源はArduino Unoマイコン基板から供給される+5Vを使用
- OPアンプの負電源は+5Vから反転コンバータ（チャージ・ポンプ式）で生成

アナログ・フロントエンド

● 電流測定の二つの方式

▶シャント方式は大電流向き

一つ目は図1(a)に示すシャント方式と呼ばれるものです. あらかじめ抵抗値が分かっている抵抗を用意して, これに電流を流し, 抵抗の両端に生じる電圧値を測定します. 測定された電圧値を抵抗値で割り算すれば電流値が求まります. 抵抗を使って電流を電圧に変換するという簡便な方式ですが, ある欠点があります.

理想の電流計は内部抵抗値がゼロ(Column1参照)ですが, 図1(a)では抵抗が入ってしまっています. 10Aくらいの比較的大きな電流を測定するのであれ

良い測定器は回路の動作を妨げない　　Column 1

　実際に電流計の製作を始める前に理想的な電流計とは何ぞや，という話をおさらいしてみましょう．

　電流をものすごく正確に測定するのが理想的な電流計の条件ですが，もう一つ重要なポイントがあります．それは測定することによって本来の現象を妨げないということです．

　図Aは電流計が電気回路の中で実際に使われる場面を示した回路図です．**図A(a)** は乾電池から流れ出した電流が電球を光らせています．このときの電流を測定したいと思って，電流計を直列に挿入したのが**図A(b)** に示した回路図です．

　図A(a) と**図A(b)** とで電球に流れる電流の値が変わらないというのが理想の測定ですが，実際にはどうでしょうか．もし電流計が内部に直列抵抗を持っていたとしたら，乾電池から見ると電流計の内部抵抗値と電球の抵抗値の直列回路に向かって電流を流すことになります．

　電流計の内部抵抗のぶんだけ抵抗値が増えて見えるので，オームの法則に従って流れる電流値もそのぶん減ってしまいます．つまり，**図A(a)** の状態と比べて，**図A(b)** の状態では電球がわずかに暗くなってしまうのです．こうした事態を避けるためには，**電流計の内部抵抗値はゼロであるのが望ましいです**．これが理想の電流計です．

〈藤崎　朝也〉

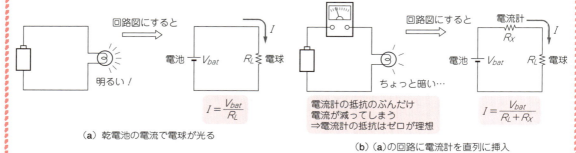

(a) 乾電池の電流で電球が光る　　　　(b) (a)の回路に電流計を直列に挿入

図A　良い電流計は内部抵抗が0Ω

ば，何mΩといった小さな抵抗値を使うことになるのでそれほど問題はありませんが，測定したい電流が1nAだったらどうでしょうか．何GΩという抵抗をもってきて初めて数Vくらいの電圧に変換できる状況になるので，理想の電流計とは程遠くなってしまいます．

▶**微小電流を測定するならフィードバック方式**

　そこで登場するのが**図1(b)** に示す二つめの**フィードバック方式**と呼ばれるものです．抵抗を使って電流を電圧に変換するのはシャント方式と同じです．しかし，OPアンプのバーチャル・ショートを利用しているため，電流が流れ込んできても電流計の端子間に電圧は発生しないので，見た目上の電流計の内部抵抗値は0Ωとなります．

　電流計の端子から流れてきた電流はどういう経路をたどるのかというと，抵抗を通った後はOPアンプが吸い込み，OPアンプの電源を回ってもう一方の端子に戻ってきます．そのため，大きな電流をこの方式で測定するには，大電流に対応したOPアンプと電源が必要になります．

*

　以上のような理由から，**比較的大きな電流に対しては シャント方式，小さな電流に対してはフィードバック方式が採用される**傾向にあります．

　今回は，フィードバック方式の電流計を製作します．

■ 回路

　図2が設計した1pA電流計のアナログ・フロントエンドです．

　フィードバック方式を採用して電流計に流れ込んできた電流信号を電圧信号に変換します．変換された電圧はおよそ±5Vの振幅をもちますが，今回使うA-Dコンバータの入力電圧範囲は0～+5Vなので負の電圧は入力できません．そこで，電圧信号が正の値の場合と負の値の場合とに分割して，それぞれを独立のA-Dコンバータで読むことにします．それぞれのA-Dコンバータの入力へ負の電圧が入力されないよう，ショットキー・バリア・ダイオード(BAT54C)でクランプしておきます．

　Arduino Unoマイコン基板に搭載されているATmega328のデータシートを見ると，グラウンド電位に対して−0.5V以内に収める必要があるようなので，ショットキー・タイプを使っておいた方がよいで

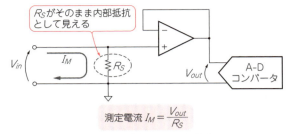

(a) 大電流向きのシャント方式

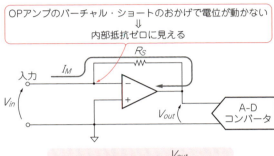

(b) 小電流向きのフィードバック方式

図1 電流測定回路の二つの基本形

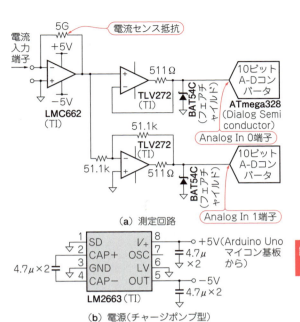

(a) 測定回路

(b) 電源(チャージポンプ型)

図2 手作り1pA電流計のアナログ・フロントエンド
OPアンプ2個と電源IC1個で構成される

しょう．

クランプされた際に，過大な電流が流れてOPアンプなどが壊れないよう電流制限のための抵抗を入れています．511Ωなので，10mA程度で制限していることになります．これに伴って反転アンプを構成する抵抗値も51.1kΩと比較的大きめの値となりました．

電流制限抵抗とフィードバック抵抗の分圧で出力電圧が決まるので，電源電圧付近まで振幅を確保するために電流制限抵抗に対して100：1くらいの比に設定しました．

■ キー・パーツ

● 最重要部品「電流センス抵抗」の選び方

▶抵抗値が大きいほど感度が上がる

電流計に流れ込んだ電流は抵抗を通ることで電圧に変換されるので，抵抗はある意味最も重要な部品です．電流を検知(センス)するための抵抗ということで，電流センス抵抗と呼ぶことにします．

電流を電圧に変換するゲインは抵抗値そのものなので，電流センス抵抗の抵抗値を大きくすればするほど高感度な電流計になります．

▶抵抗値が大きいほど電流雑音が小さくなる

実は電流センス抵抗の抵抗値を大きくすることのメリットは，もう一つあります．それはノイズ性能です．

抵抗という回路素子は，熱雑音と呼ばれるノイズを持っています．これは抵抗体内の自由電子がブラウン運動をすることに起因するノイズで，回路の中で抵抗を使う以上は避けることのできないものです．ノイズの大きさは次の式で表されます．

$$V_N = \sqrt{4kTRB} \quad \cdots\cdots(1)$$

ここでV_Nは抵抗の両端に現れる電圧ノイズ

Column 2　市販測定器と手作り測定器の決定的な違い「トレーサビリティ」

市販の測定器と自作の測定器との大きな違いは，測定値に確度が存在するかどうかです．市販の測定器は，より高い確度を持った別の測定器によって校正され，というプロセスを繰り返し，結果的にはその測定値が国家標準または国際標準と呼ばれる基準と比較されていることになります．こうしたつながりをトレーサビリティと呼びます．これが測定値の保証になっています．

測定器とは少し離れますが，例えばトレーサブルでない自作の料金メータを積んだタクシーが営業していたら困りますし，誰も乗りたいとは思わないですよね．

〈藤崎 朝也〉

[V_{RMS}]，kはボルツマン定数，Tは抵抗体の温度[K]，Rは抵抗値[Ω]，Bは帯域幅[Hz]を表します．式からわかるように，抵抗値が大きいほど熱雑音も大きくなります．

一瞬，「抵抗値が大きい方が不利じゃないか」と思われるかもしれませんが，電流計を設計するときは，先の電圧ノイズを自らの抵抗値で割り算することで電流ノイズが求まります．

つまり，次式になります．

$$I_N = \sqrt{\frac{4kTB}{R}} \quad \cdots\cdots\cdots\cdots\cdots (2)$$

I_Nは電流ノイズ[A_{RMS}]を表します．この式から，抵抗値Rが大きければ大きいほど，電流ノイズの値は小さくなります．

▶5GΩを選択

電流センス抵抗の値は大きくしたいところですが，今回は入手性と価格を考慮して5GΩという値を選択しました．こうした高抵抗を安定的に作るには高い技術が求められます．また用途が限られるので，一般的には高価なものです．

今回選択した抵抗器は，RH1/2HVS5000MOMF（日本ファインケム）で，実売価格で3千円前後です（同じシリーズでも10GΩのものは7千円程度）．

▶抵抗値が決まるとフルスケールと表示分解能が決まる

5GΩの抵抗に1nAの電流が流れれば，5Vの電位差が生じます．これはA-Dコンバータのフルスケールと同じ値です．これを1024分割したものが表示分解能なので，およそ1pAという先ほど定めた仕様とも合致して好都合です．

この5GΩ抵抗の許容差（tolerance）は±1％です．抵抗値が最大で1％ずれるということは，電流計に流れ込んだ電流を電圧に変換するときに，1％ずれる可能性があることを意味します．これを測定器のゲイン誤差と呼びます．1％のゲイン誤差は，手作りの電流計を趣味で使うぶんには許容範囲内と言ってよいでしょう．趣味の範囲を超えて測定値に信頼性を求めるならば，やはり確度の保証された市販の測定器に頼るしかありません．

この抵抗を実際に基板上に実装するわけですが，1％の誤差うんぬんという意味では，そもそもプリント基板側の抵抗値が5GΩの100倍以上，つまり500GΩ以上確保されていない限り1％の誤差をとやかく言う資格がありません．

フルスケール，表示分解能，確度の意味　　　Column 3

もし，きちんとした箱を作って，表示機能まで設けたらこういう仕上がり，というイメージを図Bに示します．今回は，こんなにファンシな電流計を作るわけではありませんが，フルスケール，表示分解能という言葉の意味がわかると思います．

通常，この手の計測器にとって最も重要な仕様は「確度」と呼ばれるものです．仮に電流計が1nAという測定値を示していたとして，その表示値が真の1nA（SI単位としてのアンペアの定義に従った1nA）と比較して，最大でどのくらいずれる可能性があるかを示した指標と言えます．これは定期的な校正を適切に行ったうえで，仕様書に記載された条件を守って測定を行った際に保証される値です．手作りの電流計でそのようなことは保証できないので，「設計上，だいたい何アンペアのはず」という測定結果を示してくれるに過ぎません．しかし，今回はその測定結果をどこかにレポートするわけでも論文にするわけでもないので，個人の趣味として使用するには十分といえます．

あくまでも表示分解能ではあるものの，本章のタイトルにもしているので，1pAという数字は譲りたくないところです．電流計のデータ取り込みにはArduino Unoマイコン基板を使います．A-Dコンバータは，10ビット（=1024）分解能です．入力には，アナログ入力ピンを使います．

A-Dコンバータの最小ビットが表示分解能である1pAに対応させるとすると，フルスケール（測定できる最大の電流値）は1024pA，つまりほぼ1nAです．実際には，電源電圧やOPアンプの出力電圧範囲の制限を受けることにより，端までは使えないのでわずかに1nAに届かないことになります．

〈藤崎　朝也〉

最小の表示けたは1pA．これを表示分解能という
フルスケールは1nA．実際はちょっとそこまでは届かない
一番上のけたは0か1しか表示されない⇒3 1/2けた表示と呼ぶ

図B　手作り1pA電流計の完成イメージ

● 電流-電圧変換OPアンプの選び方

▶ バイアス電流はとにかく小さく

次に電流-電圧変換を行うためのOPアンプを選択します．微小電流を取り扱うOPアンプなので，何よりも優先して着目すべきは入力端子のバイアス電流です．

今回作るのは，1nAフルスケールの電流計です．例えばOPアンプのバイアス電流が0.1A以上あったら電流計が飽和してしまい，使い物になりません．また飽和するほどではないにしても，バイアス電流は電流計にとってオフセット誤差の原因となります．

電流計の入力端子から入ってくる電流が0Aの状態において電流計がきちんとゼロを示すのが理想ですが，実際にはあるオフセットを持ってしまうことがあります．これをオフセット誤差と呼びます．このオフセット誤差を極力抑えたいので，今回はOPアンプICにLMC662(テキサス・インスツルメンツ)を選択しました．このOPアンプの入力バイアス電流は，標準値で2fA(フェムト・アンペア，fは10^{-15}の意味)という驚異的な小ささなので，1pAの表示分解能を持つ電流計に対してはまったく邪魔にならないと言ってよいでしょう．

▶ 入力オフセット電圧も小さい方がうれしいけど…

OPアンプのその他の性能についてはどうでしょうか．本来ならば，入力オフセット電圧も気にしたいところです．なぜならば，電流計そのものは内部抵抗がゼロ，つまり電流計における電圧ドロップがゼロであることが望ましいのですが，OPアンプの入力オフセット電圧は，そのまま電流計の電圧ドロップに見えてしまうためです．しかし，OPアンプにとって入力バイアス電流と入力オフセット電圧の両方を小さく設計することは至難の業です．入力バイアス電流をpAオーダまで抑えようとした場合，差動入力部には自ずとFET(電界効果トランジスタ)を使うことになります．しかし，FET入力のOPアンプはバイポーラ入力のOPアンプと比較して，一般的に入力オフセット電圧が大きくなってしまいます．これはFETの素子特性のばらつきを抑えることの難しさに起因しています．

このLMC662も例外ではなく，標準値で6mVという比較的大きな入力オフセット電圧を持っていますが，入力バイアス電流を抑制する方を優先するために諦めることにします．

▶ ノイズ・レベルは電流センス抵抗の熱雑音より十分小さいのでOK

LMC662の入力換算雑音は雑音電圧として$22\,\mathrm{nV}/\sqrt{\mathrm{Hz}}@1\,\mathrm{kHz}$，雑音電流として$0.2\,\mathrm{fA}/\sqrt{\mathrm{Hz}}$という値が標準値として示されています．これに対し，電流センス抵抗として選んだ5GΩの抵抗が持つ熱雑音を前述の式から計算すると，$9.1\,\mu\mathrm{V}/\sqrt{\mathrm{Hz}}$，これを5GΩで割り算して，$1.8\,\mathrm{fA}/\sqrt{\mathrm{Hz}}$となります．つまり，センス抵抗の熱雑音の方が支配的ということになるので，LMC662の持つ雑音は電流計のノイズにほぼ影響しないと言えます．

▶ 帯域も電流センス抵抗より十分広いのでOK

帯域も同じことが起こります．5GΩの抵抗で電流を電圧に変換しますが，現実世界の抵抗器というのは純粋な抵抗ではなく，寄生容量というものが文字通り「寄生」しています．5GΩの抵抗に対して，仮に0.1pFの寄生容量が並列に存在したとすると，カットオフ周波数は318Hzです．この周波数を超える信号が入ってきた場合には，もはや電流センス抵抗の値は5GΩではないことを意味します．つまり電流計としての周波数特性は非常に限られたものになるので，一般的なOPアンプの帯域であれば十分に満足できます．

電流計の端子に接続される対象のインピーダンスによっては発振の危険性がありますが，複雑になるので今回は割愛します．

▶ OPアンプの振幅＝電流計のフルスケール

出力電圧振幅は電流計のフルスケールを決めることになるので，重要なファクタです．LMC662はデータシート上でレール・ツー・レールをうたっているので，電源電圧付近までドライブできます．

● 後段のOPアンプや電源など

▶ A-Dコンバータへの入力調整が必要

±5Vの電圧信号に変換された測定値を，マイコン基板Arduinoに搭載されたATmega328のA-Dコンバータに入力するので，正電圧の信号は単にバッファし，負電圧の信号はマイナス1倍の反転増幅器を通す

製作3 フルスケール1nA，分解能1pAの微小電流測定アダプタ

Column 4　ユニバーサル基板はノイズを拾う金属でいっぱい

今回の製作には，ユニバーサル基板を使いました．ユニバーサル基板には，規則正しく銅はく付きの貫通穴が配置されていて便利なのですが，この穴一つ一つが電気的には「浮いた」金属になっています．

浮いているとは，外来ノイズで簡単に電位が動いてしまうことを意味します．これが微小な信号を扱う回路のすぐそばにあるのは好ましくありません．空中配線の真下に敷いたガードの銅はくは，そのすぐ下にある基板穴に対する静電シールドの役割も果たしています．

〈藤崎　朝也〉

ことにします．このOPアンプに求められる性能は多くはありませんが，一つはレール・ツー・レール入出力であることです．

今回は，初段のOPアンプもレール・ツー・レールでの出力を確保したので，それを無駄にせず，電流計のフルスケールをキープします．また，このOPアンプの入力オフセット電圧が大きいと電流計のオフセット誤差の原因となります．

今回はA-Dコンバータの1カウントがおよそ5mV相当なので，それ以下の水準であれば問題にしません．ちょうど2個のOPアンプが必要なので，2個入りのOPアンプICのTLV272（テキサス・インスツルメンツ）を選択しました．

▶負電源をどうやって用意するか

電源は，乾電池などを使うと簡易に低ノイズの電源として利用できますが，今回は±5V程度の電圧を確保したかったので，通常の1.5Vの乾電池では直列に何個も接続しなければなりません．そこで今回は，Arduino Unoマイコン基板から供給される+5Vの電源から，反転コンバータを用いて-5Vの電源を用意しました．

チャージ・ポンプ式の反転コンバータICのLM2663（テキサス・インスツルメンツ）は，外付け部品として必要なのはコンデンサ数個だけで，トランスも不要です．スイッチング電源であることは確かなので，出力電圧にはリプルが存在します．しかし，インダクタやトランスなどの磁気部品を使わないので，周囲にノイズを撒き散らすリスクは比較的小さくなります．

実　装

● 電流センス抵抗の天敵は汚れ

実装を始める前に注意しておくべきことがあります．電流センス用に使う5GΩの抵抗ですが，こうした部品は汚れに敏感です．5GΩという非常に高い値を持った抵抗体を特殊な封止材で覆うことで高抵抗を維持しているのだと思いますが，その表面は無防備です．部品の表面が汚れるとそれが新たな電流の経路となってしまい，部品としての抵抗値が下がってしまいます．むき出しのまま，埃の積もった机の上に放置しな

---

1 pAの世界　　　　　　　　　　　　　　　　　　　　　　　　　　　　Column 5

● 身近な電流計で測れる電流の大きさ

「電流を測定したい」と思ったときに何の機材を使いますか？

かつて学校の理科の実験で使ったアナログ方式の電流計を思い浮かべる人もいるかもしれませんし，比較的大きな電流値を取り扱う機会のある方は，クランプ・メータだというかもしれません．しかく多くの人はディジタル・マルチメータ（DMM）を思い浮かべるのではないかと思います．

写真Aにハンドヘルド型とベンチトップ型のDMMを示します．DMMは，DCやACの電圧・電流や電気抵抗はもちろん，静電容量を測定できるものもあり，簡便に測定を行うツールとしては非常に便利なものです．これらを使って測定できる電流値の範囲はどのぐらいでしょうか．上限の値は，写真

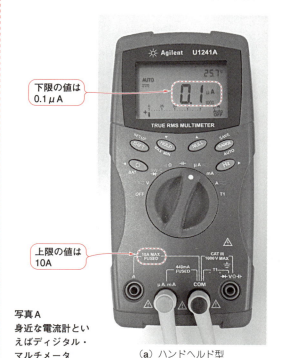

写真A
身近な電流計といえばディジタル・マルチメータ

（a）ハンドヘルド型

（b）ベンチトップ型

いよう注意しましょう．

● 外来雑音やリークを排除する「ガーディング」が必須

▶ガードとシールドの違い

　微小電流計の非常にセンシティブな領域は，入力端子から電流‐電圧変換が行われる部分までです．いったん電圧に変換されてしまえば，あとは数ボルトの振幅を持った電圧信号なので，取り扱いはずっとラクになります．

　それでは，その非常にセンシティブな入力部の実装はどのように行えばよいかというと，キーになるのは「ガード」あるいは「ガーディング」と呼ばれる技術です．

　ガードとは，測定端子と同電位を持つ導体で測定端子を囲うことです．「そんなの普通のノイズ・シールドと同じじゃないか」と思われるかもしれませんが，ある意味ではその通りで，外来ノイズが測定端子に飛び込むのを抑制する効果を期待していることには違いありません．微小電流測定のためのガードが問題にしているノイズは，特にDC（直流）的なリーク電流や，容量結合によるAC（交流）的なノイズ電流というように狙いがはっきりとしたものです．

▶DC的なリーク（漏れ）電流に対する効能

　例えば，測定端子に対して10 Vの電位差を持った配線が測定端子の近くに存在したとします．

　測定端子とその配線との間はもちろん絶縁されているはずです．その絶縁抵抗はどのくらいでしょうか．仮に1 TΩ確保されていたとしても10 Vの電位差なら10 pAのリーク電流が測定端子に流れ込んでくることになります．

　これは，今回製作する電流計ならば十分に検出できるレベルですし，1 TΩという絶縁抵抗を安定的に確保するのはなかなか困難です．

　そこでガードの出番です．測定端子とガードとの間の電位差はせいぜいOPアンプの入力オフセット相当ぶんしかないので，今回のLMC662なら6 mV程度です．10 pAという先ほどのリーク電流と同程度でよければ，測定端子とガードとの絶縁抵抗は1 GΩもあれば済みます．OPアンプのオフセット電圧がもっと小

製作3　フルスケール1 nA，分解能1 pAの微小電流測定アダプタ

A(a)のハンドヘルド型のもので10 A，**写真A(b)** のベンチトップ型のもので3 Aです．端子のところに表示されています．

　下限の値は，画面表示を見てください．ハンドヘルド型のものでは0.1 μA（マイクロ・アンペア）のけたまで表示されています．**写真A(b)** のベンチトップ型の機種は，6.5けた表示の高級な部類のDMMなので，0.1 nA（ナノ・アンペア）のけたまで表示されています．このように，測定値としてどれだけ小さな値を表示できるかという性能を「表示分解能」と呼びます．

　このベンチトップ型のDMMの場合，表示分解能は「0.1 nAである」と表現します．

● ナノという言葉は市民権を得たけれど

　ここで出てきた0.1 nAという値は，どのくらい小さな電流なのでしょうか．最近では，普段テクノロジに興味のない人でも「ナノテク」という言葉を一度くらいは耳にしたことがあるかもしれません．また，某メーカのポータブル・オーディオのおかげで「ナノ」という言葉が小さなものを表現していることは一般的に知られるようになりました．

　この「ナノ」や「ミリ」といった言葉はSI（The International System of Units：国際単位系）接頭辞と呼ばれ，「A（アンペア）」や「m（メートル）」といった単位の前に付けることで，大きな値や小さな値を簡潔に表現するためのものです．

　図C に電流の値を例にとって数直線を示します．「ナノ」という言葉は10^{-9}，つまり10億分の1を表す接頭辞です．1 nAというのは，10億分の1アンペアを言い換えた形になります．

　今回はそのナノの先の世界，ピコ・アンペア（＝$1×10^{-12}$アンペア）という微小な電流を測定する電流計を製作します．

〈藤崎　朝也〉

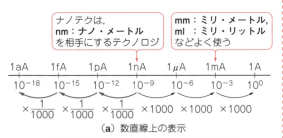

図C　電流の単位

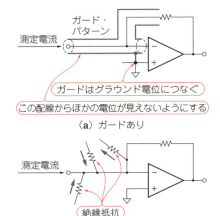

(a) ガードあり

(b) ガードなし

図3 ガードの効果

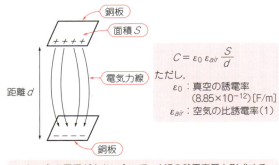

- 1cm角の電極が向かい合って，1fFの静電容量を形成するときの電極間の距離を計算してみると…
  $S = 1\text{cm} \times 1\text{cm} = 1 \times 10^{-4} \text{m}^2$
  $C = 1\text{fF}$ とすると，
  $d = \varepsilon_0 \varepsilon_{air} \dfrac{S}{C} = 8.85 \times 10^{-12} \times 1 \times \dfrac{1 \times 10^{-4}}{1 \times 10^{-15}}$
  $= 0.885\text{m}$

図4 1fFの平行平板コンデンサ

さければさらに有利です．しかし，バイアス電流とオフセット電圧の両立は難しいので，オフセット電圧は諦めています．

このようにガードを利用することで，周囲に存在する異なる電位を持つ配線からのリーク電流を効果的に抑えることができます．図3にガードの効果を示します．

▶ AC的なノイズ電流に対する効能

ガードはAC的なノイズに対しても有効です．例えばむき出しの電流計の近くに交流電源ケーブルがあったとすると，電流計と交流電源ケーブルとの間に存在する静電容量を介して商用周波数(50 Hz/60 Hz)の電流が電流計に流れ込むことになります．

普通の感覚では「そうはいっても距離さえ離れていれば大丈夫だろう」と思えるので，実際に計算してみましょう．電源ケーブルの中身の信号を50 Hz，100 V振幅を持った正弦波だとして，それが電流計の入力端子に対して1 fF（フェムト・ファラッド）で結合していたとします．

このとき電流計に対して流れる電流は，

$$Q = CV \cdots\cdots\cdots (3)$$

$$I = \dfrac{dQ}{dt} = C \dfrac{dV}{dt}$$
$$= 1 \times 10-15 \times \dfrac{100}{10 \times 10^{-3}} = 10 \text{ pA} \cdots\cdots (4)$$

「ガード電位≠グラウンド電位」のときには三重同軸構造のトライアキシャル・コネクタを使う　　Column 6

今回製作する1 pA電流計は，測定回路自体がグラウンド電位付近に固定されていますが，電圧を外部に加えながら微小電流を測定できる測定器も市販されています．こうした測定器は，電流計の入力端子である芯線と，グラウンド電位である外皮との中間にガード電位が必要です．写真Bに示すトライアキシャル・コネクタなどのケーブル，コネクタを使うと，安全を確保しながらノイズに強い測定ができます．

〈藤崎 朝也〉

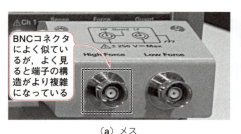

(a) メス　　　　(b) オス

写真B
トライアキシャル・コネクタ
信号の周囲をガード電位が囲い，さらにその周囲をグラウンド電位が囲う「三重同軸」の構造

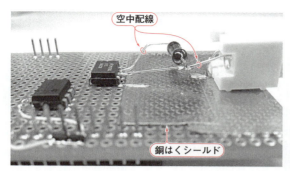

写真2 完成したアナログ・フロントエンド基板

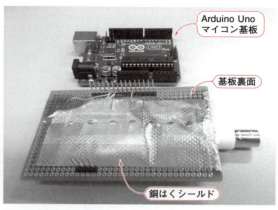

写真3 基板裏面の銅はくシールドでArduino Unoマイコン基板からのノイズを防ぐ

となります．10 pAという電流は十分に検出可能なレベルです．

それでは，1 fFで結合している状態というのはどのような状態なのでしょうか．高校の物理で習う平行平板コンデンサを想定すると図4のようになります．

1 cm角の電極が向かい合って，1 fFの静電容量を形成するときの電極間の距離は0.885 mとなりました．かなり単純化したモデルですが，けたとしてはこのくらいのレベルです．

およそ1 m離れたところに電源ケーブルがはっているというのは，それほど稀な状況とは言えません．こうしたAC的なノイズ電流も，測定端子をガードで囲ってやれば電源ケーブルからのノイズ電流がすべてガードへ流れるようになるので，その影響を抑えることができます．

▶今回はガードではなく空中配線で対処

実際には，どうやってガードを行えばよいのでしょう．今回は，ユニバーサル基板上にOPアンプなどを実装しています．しかし，ユニバーサル基板の絶縁性能をどれほど信用してよいかわからないので，「臭いものには蓋」ではありませんが空中配線で対応します．

空中配線というと手抜きなイメージをもつ方もいるかもしれませんが，今回は，逆にそれが効果を発揮します．空中配線の真下に銅はくを配置し，これをガードとしてGND電位に接続します．電流センス抵抗もアキシャル部品なので空中配線は容易です．

仕上がりは，写真2のようになりました．空中配線の上空はガードしなくてもよいのかと思われるかもしれませんが，今回は，この基板ごと大きめの金属ケースに入れることで上空側のガードとシールド・ケースとを兼ねました．

● 電流入力端子にはBNCコネクタを使う

入力端子は，同軸構造を持ったBNCコネクタを使います．この電流計は，GND電位がガードとして働くことになるので，BNCコネクタの外皮は，ガードでもあり，電流のリターン・パスでもあります．

● シールドでマイコン基板からの雑音をシャットアウトする

電流計の基板は，Arduino Unoマイコン基板と組み合わせる必要があるので，Arduino Unoマイコン基板からのノイズも考慮します．電流測定端子の部分はガードで守られていますが，それ以外の部分は無防備です．OPアンプの信号や電源といった配線は，極力ユニバーサル基板の裏面に集めました．それらをいったん絶縁テープで覆い，その上に銅はくを貼り付けてノイズ・シールドとしました．写真3にそのようすを示します．これはガードではなく，正真正銘のシールド

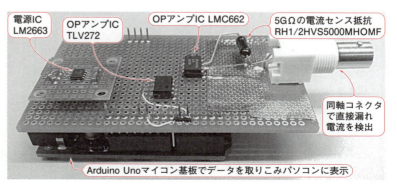

写真4 Arduino Unoマイコン基板とアンプ回路基板と組み合わせる

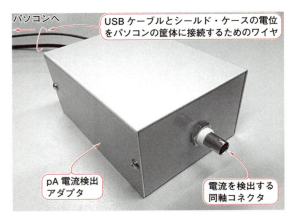

写真5 自作のアナログ・フロントエンド基板とArduino基板を組み合わせて金属ケースに収めた「pA電流検出アダプタ」

です．銅はくは端が鋭いので作業をする際に指先にけがをしないように気を付けましょう．

写真4がArduino Unoマイコン基板と組み合わせた全体像です．

テスト前の準備

● まず電源を確認する

製作したアナログ・フロントエンド基板をArduino基板と組み合わせ，USBケーブルでパソコンと接続してみます．USBから供給される+5Vの電源がArduino基板を通ってアナログ・フロントエンド基板の回路へも供給されます．まずは極性反転型DC-DCコンバータが正常動作し，-5Vの電源が供給されていることをハンディ・テスタなどで確認します．電源さえ供給されていれば，あとは単純な回路なので接続ミスがない限り動くはずです．

● 基板をシールド・ケースに収めて外来雑音をシャットアウト

pA電流検出アダプタは非常に小さな電流を取り扱うので，外来ノイズには十分注意しなければなりません．そこで**写真5**のように金属のケースにArduino基板ごと収め，電流入力端子とパソコンへの接続用USB端子だけがケースから出ていく構造にしました．

写真5でケーブルが2本出ているように見えるのは，通信と電源供給に使っているUSBケーブルのほかにシールド・ケースの電位をパソコンの筐体に接続するためのワイヤを用意しているためです．

電流入力端子は同軸コネクタを使っているので，その外部導体をシールド・ケースに接触させてもよいですが，別系統でアース電位を供給することにしました．ちなみにこのワイヤの先はUSBコネクタとなっており，やはりパソコンのUSB端子に接続することでパソコンの筐体の電位をもらうことにしています．

● 10ビットA-Dコンバータ2個で11ビットの分解能を得る

図5に製作したpA電流検出アダプタの信号検出部を示します．入力端子から入ってきた電流信号は電流-電圧変換器によって電圧信号に変換されます．

この振幅はおよそ±5Vなので，これを正電圧側と負電圧側の二つに分離して，それぞれを個別のA-Dコンバータに入力する構成です．そのままであればA-Dコンバータに入力されてしまう負電圧をショットキー・バリア・ダイオードによってクランプしてあります．高速な信号であれば，ダイオードの逆回復特性などを気にしますが，この電流計の帯域はごく低周波なので問題になりません．

電流-電圧変換器の出力信号から，A-D変換されるまでの信号波形を順を追って説明すると，**図6**のようになります．正負別々にA-D変換したので，測定したデータをパソコン側でつなぎ合わせれば元の両極性のデータになります．AVRマイコンに内蔵されている10ビットのA-Dコンバータを2個使うことで，実質的に11ビットの分解能を実現しています．

● Arduino基板はひたすらA-D変換してデータをパソコンへ送る

製作したアナログ・フロントエンド基板の役割は，測定端子から入ってきた微小電流を電圧信号に変換し，

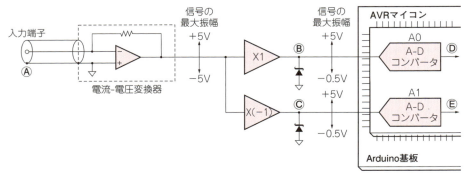

図5 pA電流検出アダプタの信号検出部

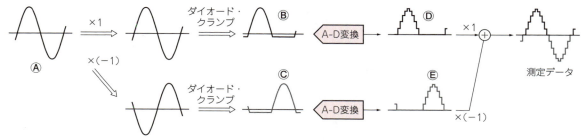

図6 Arduinoが測定したデータを開発環境「Processing」上で波形表示するまで

Arduino基板のAnalog Inputに適した信号レベルに調整するところまでです．その先は，Arduino基板上にあるAVRマイコンに内蔵された二つのA-Dコンバータがひたすら電圧信号（アナログ電圧）をディジタルのデータに変換し，パソコンへと送信します．

今回使ったArduino基板に搭載されているAVRマイコンのソース・コードを**リスト1**に，Arduinoが測定したデータを開発環境「Processing」上で波形表示するまでのソース・コードを**リスト2**に参考までに示します．筆者はマイコンの扱いについては全くの専門外なので，だいたい1 msおきにサンプリングを行うという簡単な構成になっています．

このコードでは，マウスをクリックした時点でArduino基板からパソコンへ測定データを送り，そのデータをパソコンの画面上に時間軸の波形として表示します．縦軸はA-Dコンバータの返すコード値（0〜1023）そのままです．

今回製作した電流計は1 pA分解能，1 nAフルスケールでしたので，このA-Dコンバータのコード値に[pA]という単位を付けて読み替えればおおむね正しいことになります．

● 見込み誤差は数％

そんなに大ざっぱで良いのか？と思われるかもしれません．設計上は5 GΩの電流センス抵抗を使って電流-電圧変換していますので，例えば1 pAの電流は5 mVの電圧に変換されます．

AVRマイコンのA-Dコンバータは，5 Vをリファレンスとした10ビット出力ですから，1カウント当たり4.88 mVになります．このままでは2.4％の誤差が生まれてしまいます．

5 GΩ抵抗のTolerance（許容差）は1％なので，ゲイン誤差はこの部分で最大1％まで生じます．また電流-電圧変換器の後段には，反転増幅器が存在します．この反転増幅器のゲインを決めている抵抗も1％許容差の個別の抵抗（ネットワーク抵抗ではないという意味）を使ったので，最大で2％程度のゲイン誤差が生じます．

一方でAVRマイコンのA-Dコンバータは，今回

リスト1 A-Dコンバータのデータでパソコンへ送るためのArduinoのソース・コード

```
void setup()
{
  Serial.begin(57600);
}

void loop()
{
  if(Serial.available()>0){
    for(int i=0;i<800;i++){
      Serial.print(millis());       // [ms]単位のタイムスタンプを取得
      Serial.print(",");
      Serial.print(analogRead(0));  // A0端子の電圧をAD変換
      Serial.print(",");
      Serial.println(analogRead(1));// A1端子の電圧をAD変換
    }
    Serial.read();
  }
}
```

はUSB端子から供給される5 Vの電源電圧をリファレンスとして使っていますが，この5 Vの許容差はどのくらいでしょうか．このように考えていくと，数％程度のゲイン誤差は簡単に生じてしまう可能性があります．さらにそれらの誤差要因それぞれが温度係数を持っています．

A-Dコンバータは理想的には5 Vを1024分割するので，これを1000段階と読み替えると2.4％のゲイン誤差が生じてしまいますが，それと同じかそれ以上の誤差は他の部分でも生じてしまう可能性があります．今は電流計の縦軸はA-Dコンバータのコードをpaに読み替えることでよしとします．最大で10％くらいの誤差が入っていると覚悟して，まずは使ってみましょう．

電流計の性能テスト

● 300 pA程度の直流電流は正確に測れた

実際に動かしてみます．入力端子に何も接続しない状態でArduino基板からの測定データを表示させてみると，ノイズを抑えた実装に成功していればProcessingの表示画面では測定グラフがx軸に重なってしまうはずです．数値的な解析を行うときはExcelで計算した方が早いので測定データをパソコンに保存

リスト2 測定データをPCの画面上に表示する描画ソフトProcessingのソース・コード

```
import processing.serial.*;
Serial myPort;
int val=0;
int gridx = 800;              // x軸 フルスケール
int gridy = 512;              // y軸 フルスケール
int divx = 100;               // x軸 1目盛
int divy = 64;                // y軸 1目盛
int edge = 50;                // 外枠とのクリアランス
int centerx = (gridx/2+edge);
int centery = (gridy/2+edge);
int t[]=new int[5000];
int tzero=0;
int tgain=1;                  // x軸の拡大縮小の係数
int igain=1;                  // y軸の拡大縮小の係数
int y1[]=new int[5000];
int y2[]=new int[5000];
int i=0;
int last_i=0;
int idx=0;
boolean isline = true;

void setup()
{
  println(Serial.list());
  String portName = Serial.list()[3];
                              // 各自の環境でArduinoが接続されたポート番号を入力
  myPort = new Serial(this,portName,57600);
  size(gridx+edge*2,gridy+edge*2);  // 表示ウィンドウサイズを決める
  grid();                           // グリッド線と目盛りを描画
}

void grid(){                  // グリッド線と目盛りを描画する関数
  background(0);
  noFill();
  stroke(255);
  strokeWeight(1);
  rect(edge,edge,gridx,gridy);  // 表示領域の枠を描く
  stroke(64);

//x軸目盛り線
  for(int n=0;n<(gridx/divx-1);n++){
    line(edge+divx*(n+1),edge,edge+divx*(n+1),edge+gridy);
  }
//y軸目盛り線
  for(int n=0;n<(gridy/divy-1);n++){
    line(edge,edge+divy*(n+1),edge+gridx,edge+divy*(n+1));
  }

//x軸ラベル
  for(int n=0;n<(gridx/divx+1);n++){
    textSize(16);
    textAlign(CENTER,TOP);
    text(divx*n/tgain,edge+divx*n, edge+gridy);
  }
  text("[ms]",edge+gridx,edge+gridy+20);

//y軸ラベル
  for(int n=0;n<(gridy/divy+1);n++){
    textSize(16);
    textAlign(RIGHT,CENTER);
    text((1024-divy*n*4)/igain,edge, edge+divy*n);
  }
  text("[pA]",edge,edge-20);

//原点
  stroke(255);
  line(edge,centery,gridx+edge,centery);
}

void draw()                   // 測定値をグリッド上に描画する
{
  int zero=tzero;             // x軸のゼロを合わせる
  if(isline){                 // 線表示の場合
    for(int i=1;i<800;i++){
      if(t[i]-zero>(799/tgain)){
        break;
      }
      strokeWeight(2);
      stroke(255,255,0);
      line(edge+(t[i]-zero)*tgain,y1[i]*igain/4+centery,edge
+(t[i+1]-zero)*tgain,y1[i+1]*igain/4+centery);
      stroke(255,0,255);
      line(edge+(t[i]-zero)*tgain,y2[i]*igain/4+centery,edge
+(t[i+1]-zero)*tgain,y2[i+1]*igain/4+centery);
    }
  }
  else{                       // 点表示の場合
    for(int i=1;i<800;i++){
      if(t[i]-tzero>(799/tgain)){
        break;
      }
      strokeWeight(3);
      stroke(255,255,0);
      point(edge+(t[i]-tzero)*tgain,y1[i]*igain/4+centery);
      stroke(255,0,255);
```

してExcelでグラフを表示させてみると，図7のようになりました．さすがに多少はノイズが存在するらしく，±2pA程度の振幅でデータが変動していますが，直流的な測定値としてはゼロです．外部から何も信号が入ってきていないので，測定値としてゼロが返ってくるのは正しいのですが，これだけでは電流計が設計通りに機能しているかどうかわかりません．

そこで，通常の1.5Vのアルカリ乾電池と5GΩの抵抗を外付けして，直流電流を電流計に流し込んでみます．接続図は図8の通りです．外部からのノイズを拾わないよう，接続には同軸ケーブルを使い，乾電池と抵抗もシールド・ケースに収めます．この状態での測定データは図9のようになりました．時間平均値をとると323pAですが，使った抵抗値5GΩと乾電池の出力電圧(実測値は1.6V)から予想される電流値は320pAなので，ほぼぴったりの値になりました．こ

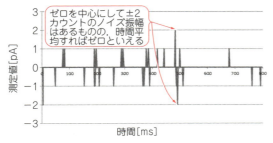

図7 入力端子に何も接続しない状態での測定値

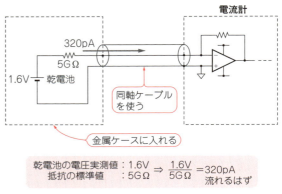

図8 乾電池と抵抗で動作チェック

```
      point(edge+(t[i]-tzero)*tgain,y2[i]*igain/4+centery);
    }
  }
}

void savedata()                 // 測定値をエクスポートする関数
{
  String savePath = selectOutput();
  if (savePath != null)
  {
    String [] saveline = new String[idx];
    for(int i=0; i<idx; i++)
    {
      saveline[i]=str(t[i]) + "," + str(-y1[i]) + "," + str(-
y2[i]);                //processingの座標は上下が逆なので(-1)を掛ける
    }
    saveStrings(savePath,saveline);
  }
}

void serialEvent(Serial myPort)
{
  String stringData=myPort.readStringUntil(10);

  if(stringData!=null){
    stringData=trim(stringData);
    int data[] = int(split(stringData,","));
    if(data.length==3){
      idx=i-last_i;
      t[idx]=data[0];
      y1[idx]=data[1];
      y2[idx]=-data[2];

      if(t[idx]<tzero){
        tzero=t[idx];
      }
      i++;
//    myPort.write(1);
    }
  }
}

void mousePressed(){           // マウスをクリックすると測定開始
  noLoop();
  tzero=99999999;
//  myPort.clear();
  myPort.write(1);
```

```
      strokeWeight(1);
      grid();
      last_i=i;
      delay(1000);
      loop();
    }
}
void keyPressed(){
  switch(key){
    case ' ':                  // spaceキーはグラフの「線表示」「点表示」切り替え
      grid();
      isline = !isline;
      break;

    case 'w':                  // wキーはグラフのx軸拡大
      if(tgain<4){
        tgain=tgain*2;
      }
      grid();
      break;

    case 'q':                  // qキーはグラフのx軸縮小
      if(tgain>1){
        tgain=tgain/2;
      }
      grid();
      break;

    case 'r':                  // rキーはグラフのy軸拡大
      if(igain<64){
        igain=igain*2;
      }
      grid();
      break;

    case 'e':                  // eキーはグラフのy軸縮小
      if(igain>1){
        igain=igain/2;
      }
      grid();
      break;

    case 's':                  // sキーは測定値のエクスポート
      savedata();
      break;
  }
}
```

れできちんと電流計として機能していることが確認できました．

▶ 100 GΩの抵抗値を測る性能はありそう

仮にこの実験を未知の抵抗を使って行い，16 pAという測定値が得られたとします．電流計自体のノイズ・レベルは±2 pA程度でしたので，これは十分測定できる数字です．1.6 Vの電圧で16 pAの電流が観測されたということは，この抵抗の値は100 GΩだったということがわかります．このように絶縁抵抗計として使うことも可能です．

● 100 Hzぐらいまでの交流電流なら測れそう

次に交流の電流を入力してみます．先ほどの接続図で，乾電池をファンクション・ジェネレータに置き換えれば交流の電流を入力できます．周波数を変えながら波形を観測してみると，図10のように振幅が減っていきます．測定データのサンプリング周期も1 ms程度なので測定波形がひずんでしまうのは仕方がないですが，振幅が出ていないのは電流-電圧変換器のアナログ帯域の問題です．ひずみが大きいので正確さには欠けますが，おおよその振幅から－3 dB周波数は100 Hz弱くらいのところにあるようでした．

センス抵抗としては5 GΩの抵抗を使っていますが，実際の回路には寄生容量が存在するので5 GΩとその容量値とでカットオフ周波数が決まります．仮にこの電流計のカットオフ周波数が100 Hzだとすると，5 GΩに対して0.32 pFの寄生容量が並列に存在していることを意味します．抵抗素子が持つ寄生容量がもっと小さかったとしても，回路の実装上さまざまなところに寄生容量が形成されているので，このくらいの値にはすぐに達してしまいます．これは大きな値を持つ

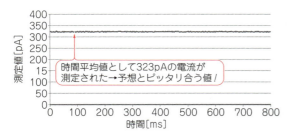

図9　乾電池による直流電流測定結果

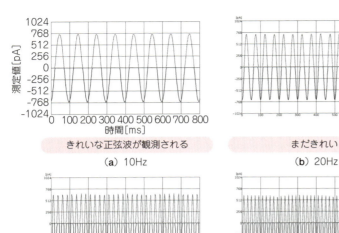
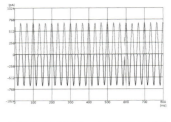

(a) 10Hz — きれいな正弦波が観測される
(b) 20Hz — まだきれい
(c) 30Hz — 極大値・極小値のあたりが尖り始める（サンプリング・レートが足りないことも影響）
(d) 40Hz — 振幅が減ってきて，正弦波とは呼べない波形になっている
(e) 50Hz — 明らかに振幅が減っている

図10 パルス・ジェネレータで周波数特性をチェック
帯域は100Hzぐらいであることが分かった

抵抗を使っている以上は仕方ないので，この電流計の持つ帯域は100Hz程度だということを理解して使います．以上で，電流計の動作確認が完了しました．

測定① 受光特性

● 発光素子のLEDに光を当てたときの受光特性を測ってみる

実際に製作した電流計を使って測定してみます．一般的にこうした微小電流計の測定対象としてよく知られているのはフォトダイオードの暗電流です．

フォトダイオードは光を照射することで電流を発生する素子です．光センサとして使われる一種の太陽電池なのですが，光を照射したときと照射しないときとの電流比が特性として重要になるので，照射していないときの電流（＝暗電流）がどれだけ小さいか評価する必要があります．

フォトダイオードをわざわざ用意するのも大変なので，LEDで代用します．LEDは本来は発光素子であって受光素子ではありません．どちらも半導体のPN接合で作られたダイオードであり，外部から流れ込んだキャリア（電子と正孔）がPN接合部分で再結合すれば光を発し，逆にPN接合部分で光を吸収することで生成されたキャリアが外部へ流れ出せばフォトダイオードとして働きます．半導体物性の話になるので少々難しいですが，図11にこの様子を示します．

乱暴な言い方をすれば，どちらの現象により適した構造になっているかが違うだけで，原理上は同じ性質を持った素子なのです．

LEDを図12に示すように電流計に接続し，電流を測定します．使ったのは通常売られている砲弾型のLED（緑）です．LEDはきちんとシールド・ケースに

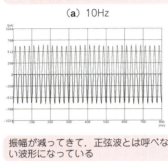

(a) LEDの動作 — この電子-正孔対は再結合して消滅 ⇒ バンドのエネルギ差に相当する波長の光を出す

(b) フォトダイオードの動作 — 光が当たることで電子-正孔対が生成 ⇒ PN接合に存在する電界に引かれて流れ出る

図11 LEDとフォトダイオードは逆の反応

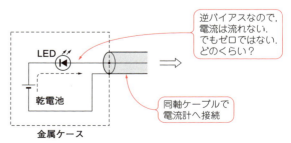

図12 LEDの暗電流を測ってみる

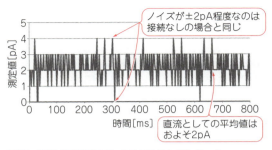

図13 LEDの暗電流は2pAであることがわかった

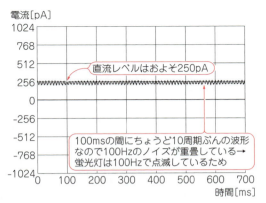

図14 ふたの隙間から光が入ると電流が流れる

収めて，光と外来ノイズから遮へいした状態で測定します．また，ダイオードに逆バイアスを加えながら測定するため，先ほど使った乾電池を再利用しました．

結果は**図13**のように2pAという値が得られました．これがこのLEDを1.6Vで逆バイアスした状態における暗電流に相当します．

▶シールドは蛍光灯の光を遮光している

次にシールド・ケースのふたを少しずらして部屋の光が入るようにした状態で測定してみます．結果は**図14**の通りです．筆者の環境では蛍光灯の光が入射したため，100Hzのノイズとともに，光電流が観測されました．一般的な蛍光灯は商用電源の2倍の周波数で点滅しているため，50Hz地域である筆者の環境では100Hzのノイズが観測されたのです．完全にふたを開けてしまうと，測定値は振り切れてしまいました．電流計のフルスケールである1nAを大幅に超える電流が流れてしまいました．

このように半導体デバイスは光を当てると電流を発生する性質があります．きちんとパッケージされたシリコン半導体ではLEDほどは敏感ではありませんが，微小な電流を測定する際には遮光が非常に重要です．

▶フォトカプラのような動作もできる

筆者が使ったシールド・ケースには側面にネジ穴が開いていた（**写真6**）ので，今度はふたを閉めたままの状態でネジ穴から懐中電灯（LEDライト）の光を入れてみました．すると**図15**のようになりました．先ほどの蛍光灯の光とは異なり100Hzのノイズを含まない，きれいな直流の電流が観測されました．よく見ると，わずかに揺らいでいるのが確認できます．これはおそらく懐中電灯を持つ筆者の手が揺れて，シールド・ケースの中に入り込む光の量が揺らいでしまったためです．

そこで懐中電灯を手動で点滅させて測定しました．結果は**図16**の通りです．ここまで来るともうフォトカプラとして動作しているようなものです．同じシールド・ケースの中にもう一つLEDを入れて，それをパルスジェネレータなどで光らせれば，（かなり低速な動作しかできないが）フォトカプラの出来上がりです．読者の皆さんもいろいろと試してみてください．

測定② 同軸ケーブルの電流ノイズ

● 同軸ケーブルは電流ノイズを発生する

最初の乾電池を使った電流測定の動作確認や，先ほどのLEDの測定には，同軸ケーブルを使いました．

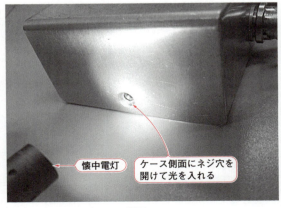

写真6 シールド・ケースの側面

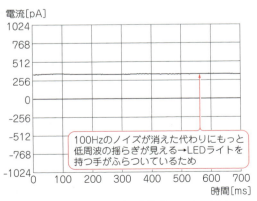

図15 ふたを閉めたとき…商用電源用ノイズは消えた

この同軸ケーブル自体もノイズ源になることがあります．ケーブルを振動させることによって電流が発生するためです．振動によって電流（＝電荷の移動）が発生する原因としては，

> (1) 摩擦によるもの
> (2) 圧電効果によるもの
> (3) 容量変化によるもの

が挙げられます．

図17に同軸ケーブルの構造を示しました．同軸ケーブルは芯線と外部導体（編組線）との間を筒状の樹脂によって絶縁した構造となっています．導体である金属線と，絶縁体である樹脂とが振動によってお互いに擦り合わされると，摩擦帯電という現象が起こります．これは一方の材料から他方へ電荷が移ることを意味しているので，信号線に電流が流れたように見えます．

また，ケーブルの振動によって樹脂の部分に圧力がかかると，樹脂は圧電効果と呼ばれる現象を起こすので，これも電流ノイズとして観測されます．

さらに，ケーブルに力が加わって樹脂が変形すると，芯線と外部導体との距離が変化します．これは芯線と外部導体とで作られる円筒コンデンサの容量値が変化することを意味します．数式で表せば，次のようになります．

$$Q = CV \quad \cdots\cdots (5)$$
$$\frac{dQ}{dt} = I = \frac{dC}{dt} V \quad \cdots\cdots (6)$$

電圧（V）が一定だったとしても，容量値が時間変化を起こせば電流が流れます．ただし式からもわかるように，この成分は電圧（V）がゼロに近ければ近いほど電流（I）の値も小さくなるので，今回の電流計のように芯線も外部導体もほぼ同電位である場合には影響が

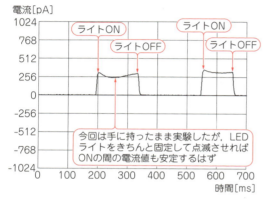

図16 LEDライトを手動で点滅させるとこのような波形になる

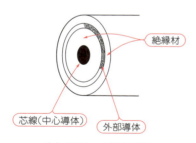

（a）同軸ケーブルの構造

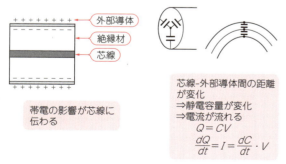

（b）摩擦が起きると…　　（c）ケーブルを曲げると…

図17 同軸ケーブルから出る電流ノイズ

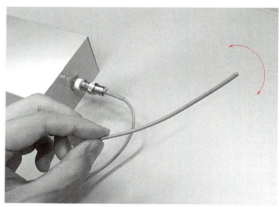

写真7 切り離しの同軸ケーブルを振り回す

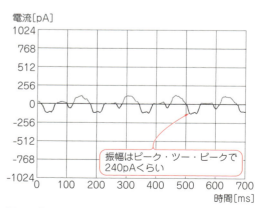

図18 普通の50Ω同軸ケーブルを振り回したときの電流

小さいと考えてよいかもしれません．

● 同軸ケーブルを揺らしながら発生する電流を測定

写真7のように，片端はBNCコネクタとし，他端は切り離した同軸ケーブルを電流計の入力端子につなぎ，ケーブルを手に持って振り回しながら電流測定をしてみましょう．

測定結果は図18のようになりました．このときの最大の振幅はおよそ240 pA程度の値を示しました．手でケーブルを触っているだけで環境ノイズを拾ってしまっている可能性もあるので，試しに手に持ったまま できるだけケーブルを揺らさずに測定してみると，きちんとゼロ付近の値が測定されます．やはりケーブルの振動で電流が流れているようです．

● ノイズ低減の対策が施された同軸ケーブルで試す

こうしたノイズを低減するための対策がとられた同軸ケーブルも世の中には存在します．円筒型の絶縁体の外側に半導体層（シリコンのようないわゆる「半導体」ではなく，文字通り「半導電性を持つ素材」で作られた層という意味）が存在し，それが外部導体と接触している構造となっています．ケーブルが振動した

商用電源の影響を消すテクニック　　　　　　　　　　　　　　　Column 7

● 測定に商用電源からのノイズ混入はつきもの

読者の皆さんの中には，自分の作った電流計の測定値に商用電源周波数のノイズ成分が見えてしまったという方がいるかもしれません．

日本では商用電源周波数は2種類が共存しており，東日本では50 Hz，西日本では60 Hzの電源が供給されています．コンセントからこうした電源が供給されている普通の環境では，そこら中にこの周波数のノイズが存在すると思って間違いありません．

近ごろでは蛍光灯もインバータ式が増えてきましたし，CRTのディスプレイも見かけなくなってきましたが，それでも商用電源周波数のノイズは相変わらず厄介な存在です．

試しに電流計の出力に写真Bのように単線ワイヤやリード付き抵抗器などむき出しの金属線を接続してみます．測定波形は図Aのようになりました．50 Hzの成分が最も大きな振幅を持っていることが確認できます．リード付き抵抗器が外来ノイズを拾ってこのような波形が見えるのです．単線ワイヤに自分の手を近づけたり遠ざけたりしながら繰り返し測定すると，ノイズの振幅の変化に気付くでしょう．これは私達の身体も商用電源周波数の影響を受けて いることを意味します．

● 50 Hz地域では20 ms平均化すれば消せる

こうしたノイズの影響を軽減するには，測定値を商用周波数の周期にあたる時間でアベレージングする方法が有効です．例えば50 Hzの地域では，商用周波数の1周期は20 msになります．これは1 msおきにサンプリングした測定値であれば20点ぶんに相当するので，20点の連続したデータの平均をとり，これを一つの測定値することで50 Hzのノイズを打ち消すことができます．正弦波の1周期分を時間積分するとゼロになることを想像すると理解しやすくなると思います．DMM（ディジタル・マルチメータ）やSMU（ソース／メジャー・ユニット）などが基本機能としてこうした測定方法を備えており，NPLC（Number of Power Line Cycles）というアベレージング設定項目が存在します．50 Hzに対して20 msのアベレージング時間であれば1 PLC，200 msのアベレージング時間であれば10 PLCというように表現します．こうした測定方法は直流からごく低周波の微小な信号を測定する際に非常に有効です．

〈藤崎　朝也〉

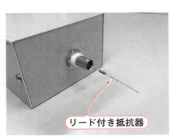

（a）むき出しの金属を接続するとノイズを拾う

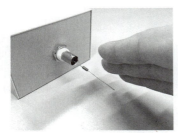

（b）手を近づけるとノイズの振幅が大きくなる

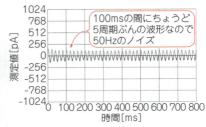

図D　50 Hz成分のノイズを拾ってしまう

写真C　製作したpA電流検出アダプタは商用電源周波数を拾う

製作した電流計のゲイン誤差は2%以下　　　Column 8

今回製作した電流計は1nAフルスケール，1pA分解能を持つ電流計として十分機能しますが，誤差はある程度許容したまま使いました．しかし，実際はどのくらいの誤差があるかを知りたいところです．そのためには，きちんと確度保証された測定器と測定値を比較することが必要です．

写真CはSMU（ソース/メジャー・ユニット）と呼ばれる，電圧・電流を外部に加えながら微小な電流を測定できる装置です．これを電流源として，自作した電流計に流し込んだときの測定値を互いに比較すれば，ゲイン誤差を補正するための情報が得られます．このような作業をきちんとした装置と正しいプロセスで行って初めて公に測定値の確度保証ができます．試しに今回製作した電流計のゲインを測定して誤差を検証してみたところ，およそ2%程度に収まっていました．

〈藤崎　朝也〉

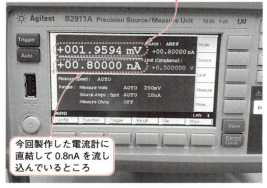

写真D　SMU（ソース/メジャー・ユニット）は微小な電流を扱える4象限直流電源

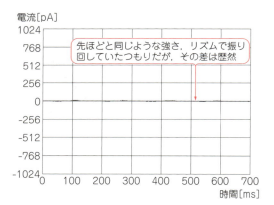

図19　振動対策されたケーブルを振り回したときの電流

際に最も擦れ合う面積が大きいのは絶縁体と外部導体との界面ですので，その間での摩擦帯電を低減するために半導体層を設けているわけです．

このようなケーブルを使って先ほどと同じ方法で測定をしてみます．結果は**図19**のようになりました．公平のためケーブルの長さは同程度とし，同じ個所を持って同じリズムで振り回したつもりですが，ケーブル自体の硬さも異なるため，先ほどと全く同じ振動具合かといえば多少の疑問はあります．しかし測定されたノイズ振幅の差は歴然です．

今回は手でケーブルを散々振り回してようやく観測できるレベルなので，通常の机の上や床の上に存在する程度の振動であればどちらのケーブルを使っても問題なさそうですが，さらに下のレベルの電流を取り扱うのであれば，振動対策が施されたケーブルの使用が必須です．Column8の**写真D**のソース/メジャー・ユニットなどの微小電流を取り扱う市販の測定器は，こうした高性能なケーブルを使うことを前提としています．

＊

筆者はオーディオ機器には全く詳しくありませんが，オーディオ機器に使うケーブル類にも振動対策をうったったものが数多くあるようです．こうした実験でそれらの物理的な性質を比較することはできるかもしれません．ただそれが音質にどう影響するかまでは筆者にはコメントできません．

◆参考文献◆

(1) 遠坂俊昭；計測のためのアナログ回路設計，1997年11月，CQ出版社．
(2) 神崎康宏；Arduinoで計る，測る，量る，2012年3月，CQ出版社．
(3) 三井和男；デザイン言語Processing入門，2011年6月，森北出版㈱．
(4) 小長井誠；半導体物性，1992年10月，培風館．

（初出：「トランジスタ技術」2013年10月号，11月号）

製作 4

pHが測れる！1GΩ高入力インピーダンス・プリアンプ

液に浸した電極2枚間の抵抗値測定に成功

脇澤 和夫

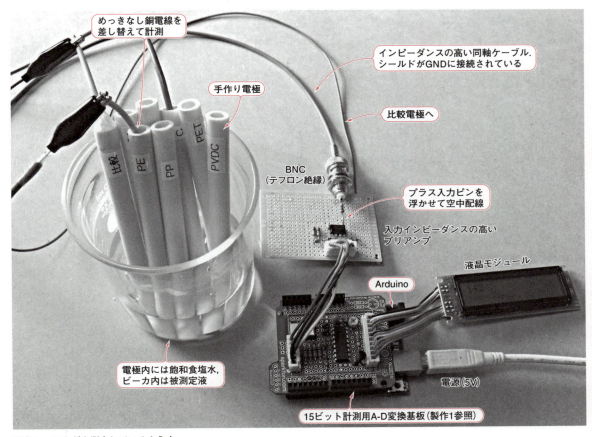

写真1 pHなどを測定しているようす
pH測定用の2枚の電極間のインピーダンスは100MΩ以上と高い．高入力インピーダンスのプリアンプを使えば測れる

　pHを測定できる高入力インピーダンス・プリアンプを作りました．製作1の計測用A-D変換アダプタを使います．外観を**写真1**に，全体の構成を**図1**に示します．

仕様
- 最大入力電圧範囲：0～5V(対グラウンド)
- 測定可能範囲：-1.25～+1.25V(マイナス入力基準，プラス入力の電圧範囲)
- 入力インピーダンス：1GΩ以上(対グラウンド)
- 製作費：7,000～7,500円

応用例
- 電圧計…被測定対象に影響を与えない (半導体テスタなど)
- 高圧プローブ…分圧値の抵抗値をGΩのオーダまで上げられる(半導体の漏れ電流など)
- 微小電流の計測…100MΩをシャント抵抗にできるのでnAオーダまで測れる(半導体の漏れ電流，X線の検出など)

● センサ電極間の抵抗は100MΩ以上
　測定に使った電極のガラス膜は，非常に高い内部抵

pHが測れる！1GΩ高入力インピーダンス・プリアンプ　59

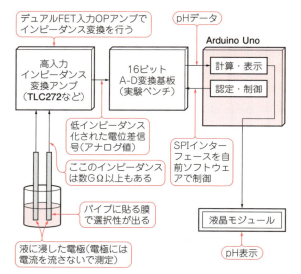

図1 pH測定装置のブロック図
pH測定には1mVぐらいの分解能が必要．Arduino内蔵A-Dコンバータの分解能は約5mVなので，16ビット分解能のA-D変換基板を使った

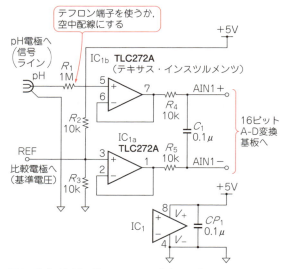

図2 入力インピーダンス1GΩのプリアンプ
pH測定では電極の電位が負になることもあるので，グラウンドに対して2.5Vになるようにバイアスをかけている

抗をもっています．計測は困難ですが，だいたい100MΩ以上あるようです．

正確に電位を測定するには，100〜1000倍と非常に高い入力インピーダンスの電圧計が必要です．以前は専用のアンプICを使うしかなかったのですが，最近はICパッケージの絶縁がよくなっていて，多くのCMOS OPアンプがpHアンプ・ヘッドに使えます．

pH電極の出力は1pHあたり59mV程度なので，分解能は1mVほど必要です．このため，製作1の計測用A-D変換アダプタを使いました．Arduinoの内蔵A-Dコンバータ（分解能10ビット）では1LSBあたり約5mVと分解能が足りません．

● 作り方

回路を図2に示します．

R_4，R_5，C_1はノイズ除去用です．最近のCMOS OPアンプはESD対策が施され，そう簡単には壊れません．入力に直列保護抵抗を入れ，テフロン端子を使うか，空中配線すればpH測定は十分に可能です．

今回は写真2に示すように，BNCコネクタとIC間のR_1を空中配線にしています．

フラックスが残らないように，部品に素手で触らないように手袋をして作業します．必要なら部品はアルコールで洗浄し，残ったフラックスはアルコールなどの溶剤で除去します．

LMC662，TLC272（いずれもテキサス・インスツルメンツ）や，AD8066（アナログ・デバイセズ）など，入力インピーダンスの高いICの多くがpHアンプに使えます．ただし，入力がレール・ツー・レールのOPアンプでは入力バイアス電流に注意が必要です．

写真2 基板への漏れ電流をなくすために信号入力端子は空中配線する
テフロン端子を使ってもよい

高いインピーダンスをもったpH電極，膜電極などは同軸ケーブルで配線する必要がありますが，比較電極は普通の電線で大丈夫です．今回は電位がプラス，マイナスどちらでも測定するために，比較電極がグラウンドに対して2.5Vになるようにバイアスを加えています．

実際にガラス電極用のアンプを上記のOPアンプで製作し，pH測定などを行ったことがあります．表面の漏れ電流さえ抑えれば問題ありません．

（初出：「トランジスタ技術」2013年3月号 特集 Appendix4）

製作 5

100〜300℃で設定できる自動温度調節器

使用するプログラム Arduino Program05

丸山 裕

設定値に達したらAC100Vを自動でON/OFF！ 切り忘れブザー付き

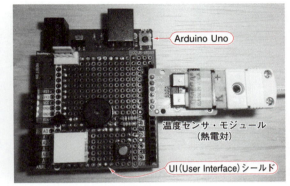

(a) 電源コントロール・ユニット

(b) UIシールドと温度センサ・モジュール

写真1 Arduinoで製作したはんだごて自動温度調節器
電源コントロール・ユニット，UIシールド，温度センサ・モジュールで構成している

はんだごてを安全に扱うための，切り忘れタイマ付き自動温度調節器を製作します（**写真1**）．

ON/OFFボタンは，操作状態を分かりやすくするため，別々に実装します．

タイマで一定時間たったらACケーブルを切断する機能と，設定した上下限の温度に達したらAC電源を切断/復帰させる機能を搭載しています．タイマは1時間に設定しました．時間延長もできます．

仕様
- 切り忘れタイマ&ブザー
- こて先の過熱保護（劣化予防）
- 製作費：約7,000円

こて先を適温に保つと長もちする

図1に全体のブロック図を示します．

はんだごての温度が上がるとフラックスが蒸発し，はんだが酸化してこて先が劣化するので，はんだごての温度は必要最小限に保つ必要があります．フラックスの沸点は350℃付近です．350℃を超えないようにします．

はんだ付けをする際，こての温度ははんだの融点＋100℃程度が良いとされています．フラックスが耐えられる温度ぎりぎりになるので，気温の影響などを考えると温度を自動的に調整できると便利です．

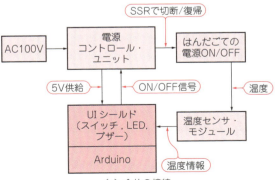

(a) 全体の接続

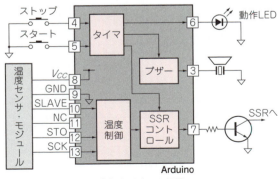

(b) Arduinoの処理

図1 はんだごて自動温度調節器のブロック図

こて先を適温に保つと長もちする　61

今回は，融点が184℃の共晶はんだを使うことを想定し，250℃を超えると電源を切り，230℃で復帰させるようにしました．筆者の手持ちのはんだごてでは，図2のように温度が制御されました．

錫-銀-銅を使った鉛フリーはんだは，融点は220℃付近なので，こて先の温度をさらに高くする必要があります．

ハードウェア

図3に自動温度調節器の回路を，表1に部品表を示します．AC 100Vを扱う電源コントロール・ユニットは，安全のためUI(User Interface)シールド＋Arduinoと基板を分けました．

● 電源コントロール・ユニット

Arduinoからコントロール信号を受けてSSR(Solid State Relay；半導体リレー)を駆動する回路と，Arduinoに電源を供給するためのACアダプタを内蔵します．

入力ピンがGNDに接続されたときに，はんだごてのAC電源をONにする仕様とします．こうしておくと，オープン・コレクタであればどの装置からでも駆動できるため，将来的にArduinoが3.3Vになったと

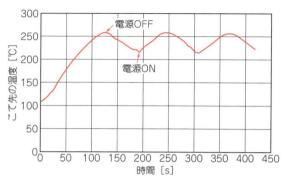

図2 こて先の温度が調節されているようす(実測)
250℃を超えると電源をOFF，230℃でONさせるように設定している

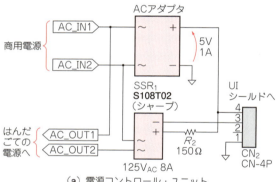

(a) 電源コントロール・ユニット

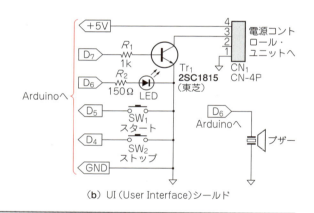

(b) UI (User Interface)シールド

図3 「はんだごて自動温度調節器」の回路図
安全に配慮し，AC100Vを扱う電源コントロール・ユニットとArduinoに接続するUIシールドに基板を分けた

表1 「はんだごて自動温度調節器」の製作に使った部品

配線番号	品　名	型名など	数量
−	Arduino	Uno	1
−	Arduinoシールド	ユニバーサル(サンハヤト)	1
−	Arduinoシールド・コネクタ	−	1
SW_1, LED_1	LED付き押しボタン・スイッチ	基板取り付けタイプ，緑	1
SW_2	タクト・スイッチ	赤	1
R_2, R_3	炭素皮膜抵抗器	150Ω	2
R_1		1kΩ	1
SP_1	圧電スピーカ	−	1
Tr_1	トランジスタ	2SC1815(東芝)	1
SSR_1	SSR	S108T02(シャープ，125VAV 8 A)	1
	ACアダプタ	5V，1A小型タイプ	1
CN_1, CN_2	FAN用電源ピン・ヘッダ(ストレート)	2506-04	2
−	FAN用電源ハウジング・コネクタ	2500-04A	2
−	FAN用電源コネクタ用コンタクト・ピン	2500-10T	2
−	K型熱電対センサ・モジュール・キット(スイッチサイエンス)	MAX6675使用	1

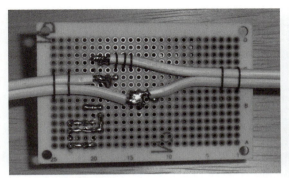

写真2 電源コントロール・ユニットのはんだ面
危険なAC100 Vを扱うので慎重に作る．太い配線ははがれないように固定しておく

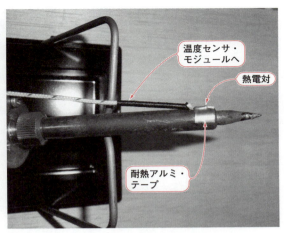

写真3 温度センサははんだごての先の方に取り付ける

してもこのままの回路で使えます．
　今回使うSSRは，内部LEDの発光でAC側をコントロールする仕様なので，内部LEDの制限抵抗を決めます．データシートによると内部LEDの駆動電流は20 mA程度です．LEDの順方向電圧を2 Vと見なし，電源電圧を5 Vとすると，抵抗に加わる電圧は3 V程度なので，20 mA流すには制限抵抗は150 Ωとなります．
　ACアダプタは，実装スペースを小さくするため中の基板を取り出して基板上に両面テープで載せました．
　写真2に，電源コントロール・ユニットのはんだ面を示します．AC100 Vを扱うため，穴あき基板で作る場合はショートしないように細心の注意を払います．
　熱や衝撃ではんだが外れてしまった場合にもショートしないようにコードの長さに差を持たせ，安全性を確保しています．ラッピング・ワイヤで配線を固定し，外れにくくしています．

● UI (User Interface) シールド
　図3(b)に，UIシールドの回路を示します．操作のためのスイッチと，インジケータLEDをシールドに実装し，ACコントロール回路のためのコネクタを付けます．
　運用時にタイマ終了に気付かない可能性があるので，ブザーも実装しておきます．

● 温度計センサ・モジュール
　温度センサにK型熱電対センサ・モジュール・キット（スイッチサイエンス）を使います．Arduinoにそのまま挿さるように作られています．冷接点補償内蔵で，分解能0.25℃です．補正済みの温度データをシリアル通信で読み出せるようになっています．
　SPI通信をして温度情報を取得します．スイッチサイエンスで配布しているサンプル・プログラムを使って温度を取得します．

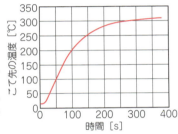

図4 スイッチON後のこて先温度の変化
変化はゆっくりなので単純なON/OFF制御で十分

サンプル入手先：http://trac.switch-science.com/wiki/MAX6675Sketch

　写真3のように，はんだごてに温度センサを取り付けてテストします．センサをこて先に取り付ける耐熱性テープには，自動車用のマフラ補修用テープを使いました．
　図4に，スイッチON後のこて先温度の推移を示します．温度の上がり方を見るとゆっくりです．制御を工夫する必要はなさそうなので，電源のON/OFFだけで制御しています．計測結果を見る限り，300℃付近で落ち着いています．
　こて先にセンサを付けると取り回しが不便になるので，こて台にセンサを付け，待機時だけ過熱を防止することもできます．

ソフトウェア

　作成したプログラムを**リスト1**に示します．
　設定温度を変更するには，**リスト1**の先頭にある，`TEMP_HI`と`TEMP_LO`を書き換えます．
　プログラムからACをコントロールするには，接続されているピン（D7）を"H"にすると通電し，"L"にすると遮断します．
　プログラムは，スタート・スイッチの入力待ちルー

リスト1　Arduinoで作ったはんだごて自動温度調節器のプログラム

```c
/*
はんだごてタイマ・プログラム
*/
#include "SPI.h"

#define TIMER_COUNT 60        //タイマ時間
#define TIMER_ALART_COUNT TIMER_
                          COUNT-5

#define TEMP_HI   250       //上限温度
#define TEMP_LO   230       //加熱復帰温度

#define VCC   8
#define GND   9
#define SLAVE 10

const int startbuttonPin = 5;
// Timer start button
const int stopbuttonPin = 4;
// Timer stop button
const int ledPin = 6;
// Status LED pin
const int ac_ctrlPin = 7;
// AC ctrl signal pin
const int BZ_outPin = 3;
// AC ctrl signal pin

// variables will change:
int PowerState = 0;
// variable for reading the pushbutton status
int timer_count_min;
int timer_count_msec;
int timer_count_sec;

void setup() {

//温度モジュールのための電源確保
  pinMode(GND, OUTPUT);
  digitalWrite(GND, LOW);
  pinMode(VCC, OUTPUT);
  digitalWrite(VCC, HIGH);
  pinMode(SLAVE, OUTPUT);
  digitalWrite(SLAVE, HIGH);

//SPI初期化
  SPI.begin();
  SPI.setBitOrder(MSBFIRST);
  SPI.setClockDivider(SPI_CLOCK_DIV4);
  SPI.setDataMode(SPI_MODE0);

// IO初期化
  pinMode(ledPin, OUTPUT);
  pinMode(ac_ctrlPin, OUTPUT);
  pinMode(startbuttonPin, INPUT_PULLUP);
  pinMode(stopbuttonPin, INPUT_PULLUP);
  digitalWrite(ledPin, LOW);
  digitalWrite(ac_ctrlPin, LOW);
  timer_count_min=0;
  timer_count_sec=0;
  PowerState=0;
}

void loop(){
  int value,temp;

  while(PowerState!=1)
//スタンバイ時タスク 本来==0で良いが,
  01以外で何も機能しなくなるため保険
  {
    // スタート・スイッチが押された
    if (digitalRead(startbuttonPin)
                        == LOW) {
      // LED点ける：
      PowerState=1;
      digitalWrite(ledPin, HIGH);
      digitalWrite(ac_ctrlPin, HIGH);
      tone(BZ_outPin, 1000,50);
      delay(50);
      tone(BZ_outPin, 2000,50);
        // カウンタ初期化
      timer_count_min=0;
      timer_count_sec=0;
      timer_count_msec=0;
    }
  }

  while(PowerState==1)   //通電時タスク
  {
    delay(100);
    timer_count_msec++;
    if(timer_count_min>=TIMER_ALART_
                COUNT)  //5分前にLEDを点滅させる
    {
      if (digitalRead(startbuttonPin)
        == LOW {  //5分前にボタンが押されたら延長
        timer_count_min=0;
      }
      if (digitalRead(ledPin)
                     == HIGH) // LED状態反転
        digitalWrite(ledPin, LOW);
      else
        digitalWrite(ledPin, HIGH);
    }
    if(timer_count_msec>=10)
//1秒おきの処理
    {
      timer_count_msec=0;
      timer_count_sec++;

//温度取得
      digitalWrite(SLAVE, LOW);
       // Enable a chip
      value = SPI.transfer(0x00) << 8;
       // read High byte
      value |= SPI.transfer(0x00);
       // read Low byte
      digitalWrite(SLAVE, HIGH);
       // Desavle a chip
      if ((value & 0x0004) == 0){
        temp=(value >> 3) * 0.25;
        if(temp>TEMP_HI)
//基準温度を超えるとOFFにする
        {
          digitalWrite(ac_ctrlPin, LOW);
        }
        if(temp<TEMP_LO)
//基準温度を下回るとONにする
        {
          digitalWrite(ac_ctrlPin, HIGH);
        }
      }

      if(timer_count_sec>=60)
//1分おきの処理
      {
        timer_count_sec=0;
        timer_count_min++;
        if(timer_count_min==TIMER_
          ALART_COUNT)  //5分前にブザーを鳴らす
        {
          tone(BZ_outPin, 2000,50);
          delay(100);
          tone(BZ_outPin, 2000,50);
          delay(100);
          tone(BZ_outPin, 2000,50);
        }
        if(timer_count_min>TIMER_
                             COUNT)
        {
          timer_count_min=0;
          PowerState=0;
          digitalWrite(ledPin, LOW);
          digitalWrite(ac_ctrlPin,
                               LOW);
          tone(BZ_outPin, 2000,50);
          delay(50);
          tone(BZ_outPin, 1000,50);
        }
      }
    }

//ストップ・スイッチが押された
    if (digitalRead(stopbuttonPin)
                       == LOW) {
      // LED消す：
      PowerState=0;
      digitalWrite(ledPin, LOW);
      digitalWrite(ac_ctrlPin, LOW);
      tone(BZ_outPin, 2000,50);
      delay(50);
      tone(BZ_outPin, 1000,50);
    }
  }
}
```

プと，タイマ待ちループの二つのループで構成しました．スタート・スイッチが押されると最初のループを抜け，SSRの電源を入れてタイマ待ちに入ります．

　タイマで一定時間経過するか，ストップ・スイッチが押されると，SSRをOFFにして最初に戻ります．

　5分前にスタート・スイッチが押されるとタイマ・カウンタを初期化します．

　タイマ時間を変更するには，TIMER_COUNTを書き換えます．

（初出：「トランジスタ技術」2013年3月号 特集 第5実験ベンチ）

製作 6 特性変化を自動測定！リピート・テスト・アシスタント
ON/OFFと測定をひたすら繰り返してくれる

使用するプログラム　Arduino Program06

下間 憲行

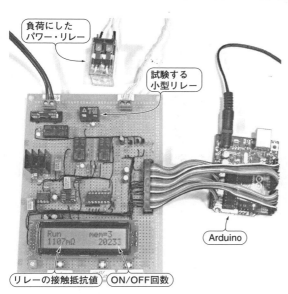

写真1　メカの消耗試験をやってくれるリピート・テスト装置

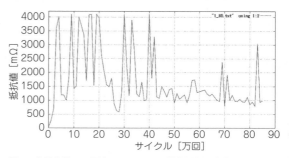

図1　本器を使って測定したリレーの接触抵抗の変化
サージ保護部品なしで使った国外品リレーの劣化具合

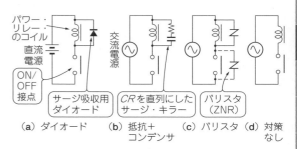

(a) ダイオード　(b) 抵抗+コンデンサ　(c) バリスタ (ZNR)　(d) 対策なし

図2　通常はリレー接点にサージ対策を施すが…

メカ部品をひたすらON/OFFし，オン抵抗の経時変化をEEPROMに保存できる装置（**写真1**，**図1**）を製作しました．耐久性試験などに使えます．

仕様
- 100 V_{AC}のON/OFF
- 分解能1 mΩでの抵抗計測
- 製作費：約7,000円

応用例
- 電流計測とACリレーやメカ・スイッチの高頻度ON/OFF

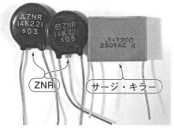

写真2　サージ対策用部品（サージ・キラーとZNR）

こんな装置

● サージ対策のないリレー寿命はどのくらい？

小型リレーでAC100 V電源のパワー・リレーをON/OFFしている装置の修理を依頼されました．

通常，リレーのコイルには何らかのサージ対策が施されています（**図2**）．誘導負荷をONしたときの突入電流とOFF時に開放される電磁エネルギから接点を保護するのが目的です．直流リレーの場合はダイオードが一般的です［**図2(a)**］．交流だと(b)のように，抵抗+コンデンサのサージ・キラー回路，あるいはバリスタ［**図2(c)**，**写真2**］を負荷に並列接続します．

配線長が長いときは，接点保護の目的で接点側にサージ・キラーを設ける場合もあります．リレー接点ではなくSSR（ソリッド・ステート・リレー，半導体リレー）でも同じです．

図2(d)に示すように，修理を依頼された製品は，パワー・リレーのコイルとリレー接点をつないだだけ

写真3 小型リレーの内部

写真4 サージ対策なしで劣化した接点のようす
中央が可動部．上がa接点で，下のb接点と比べると劣化が分かる

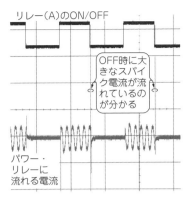

図3 パワー・リレーはOFF時に大電流が流れる（5 V/div, 10 mA/div, 100 ms/div）

で，サージ対策が施されていませんでした．このため長年運転している間にリレー接点が劣化し，パワー・リレーが動かなくなって装置全体の動作不良に至りました（**写真3**，**写真4**）．

本器でできること

● リレー寿命は接触抵抗の変化を調べれば分かる

サージ対策なしで用いたリレー接点の寿命がどんなものか，Arduinoを使って接点の接触抵抗変化を測ってみました．

負荷となるパワー・リレーを開閉しているようすを**図3**に示します．リレーのON/OFF信号（波形上側）とパワー・リレーに流れる電流（ON時約11 mA）を観測したものです（下側）．カレント・トランスで電流を拾いました．サージ・キラーはないので，OFF時に大きなスパイクが出ています．

● 124万回の開閉でも性能が劣化しなかったリレー

124万回開閉して得た接触抵抗の変化（EEPROMに記録した値）をグラフにしたのが**図4**です．予想に反して非常に安定した結果となりました．

図5はそのときの200回開閉ごとに出力するデータ（時間待ちせずに測定したデータ）を点描したものです．測定最大値である4095 mΩとなっている部分もあります．しかし1万回ごとに待ち時間を入れて測定したデータは低く安定したものになっています．

そのリレーを解体して接点を観察したのが**写真5**です．実機で動作不良が発生した接点のように黒い付着物（蒸発した接点素材か？）がありません．

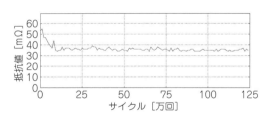

図4 手元にあったリレーを124万回開閉して得た接触抵抗の変化
200回連続ON/OFFを50回繰り返して抵抗値を測定．安定した値を得るため60 s間時間をおいて再測定するなどの工夫をしている

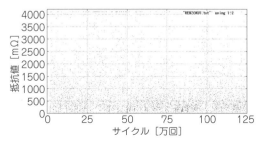

図5 図4の測定時，200回開閉するたびに出力するデータを点描したもの
連続してON/OFFした直後に測ると抵抗値が高く出る傾向がある

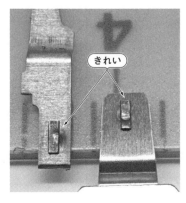

写真5
国内製リレーは124万回開閉しても接点はきれいなまま

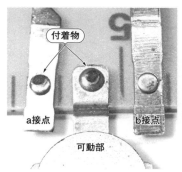

写真6
修理で使おうとした国外製リレー85万回開閉後の接点

写真7　ソレノイドを使ってタクト・スイッチをON/OFFする装置

実験では200 mmほどの電線を使って負荷となるパワー・リレーと実験リレーの接点をつなぎました．実機ではもっと直近に配置されています．このわずかな差が接点の劣化具合に影響を与えたのかもしれません．

● 国外製は変動大

次に，修理の際に代替品として利用しようとした国外製リレーを使っての動作も確かめてみました．時間の関係で85万回で終わりましたが，その抵抗値変化が図1です．

1万回ごとの測定では，同じように待ち時間を設けています．しかし，国産品のように安定しませんでした．フルスケール値も現れています．50万回あたりから1000 mΩ～1500 mΩで落ち着くかと思ったのですが，その後も大きな変動が生じています．

写真6がその接点のようすです．リレーの外形やピン接続は同じですが，接点の形状は国産品と異なります．a接点と可動部の黒い付着物が気になります．

試験結果のあれこれは筆者のホームページ（http://www.oct.zaq.ne.jp/i-garage/trbl/g2e_relay.htm）をご覧ください．

今回はリレー接点の寿命試験でしたが，リレーを駆動する代わりにソレノイドを動かし，メカ・スイッチの寿命を試験することも可能です．写真7は基板実装用のタクト・スイッチを試験しているようすです．ソレノイドの駆動でスイッチ上面が押しつけられ，接点がONします．そのときの残留電圧と電源へのプルアップ抵抗から接点の接触抵抗を推定し，変化を記録します．

ハードウェア

● 4095 mΩまで1 mΩ分解能で測る

図6に回路ブロックを示します．Arduinoが駆動するリレーは三つあります．まず一つは試験対象のリレー（A）で，この接点がAC100 Vにつながる負荷（パワー・リレー）をON/OFFします．リレー（B）でAC100 V電源をON/OFFし，リレー（C）で試験する接点のつなぎ先をAC100 V側と接触抵抗測定回路側で切り替えます．

抵抗測定には四端子法を用います．図7がその構成

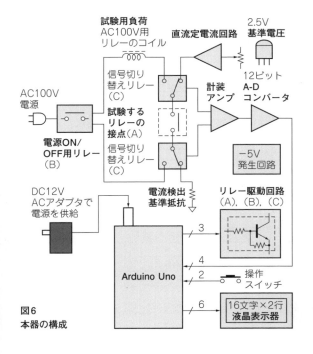

図6　本器の構成

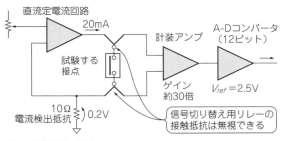

図7　接点抵抗の測定方法
四端子測定法を利用

です．直流20 mAを接点に流し，接点での電圧降下を計装アンプ（インスツルメーション・アンプ）で増幅します．その出力を12ビットA-Dコンバータを使ってディジタル化しました．1 mΩ分解能で，4095 mΩが測定最大値です．基準電源が2.5 Vを12ビットで分解すると，1ビットは約0.6 mVです．

Arduino内蔵のA-Dコンバータ（10ビット）を使わなかったのは，マイコン部の電源やGNDラインの影響を排除したかったからです．アナログ回路が集まった中にA-Dコンバータを配置し，このGNDは1点だけで周辺回路とつなぎます．

● Arduinoとの接続

ユニバーサル基板上に回路を組みました（**写真1**）．汎用のユニバーサル基板ですので，Arduino基板を直接載せられません．そこでMIL 30ピン・コネクタに信号をまとめて，6，8，10ピン計四つのSIPプラグから信号を引き出すことにしました．30ピン・コネクタの接続を**図8**に，外観を**写真8**に示します．

図9が製作した基板のディジタル回路のブロック図

です．アナログ部へはA-Dコンバータの4線だけがつながります．制御に使ったリレーはDC12 V，2回路のもので，抵抗内蔵トランジスタでドライブします．

スイッチ三つのうちArduinoが読むのは二つだけです．SW_3は試験する接点をソフトに関係なく強制的にONするためので，Arduinoの出力信号とダイオードORしています．

液晶はbusy読み出しなしの4ビット・モードで使っています．ライブラリのおかげで簡単に制御できます．

図10に回路を，**表1**に部品表を示します．

● 定電流回路

電流検出抵抗R_1（10 Ω）両端の電圧が一定となるようにTr_1のエミッタ電流が制御されます．VR_1で電流を設定します．

電流を流し出すトランジスタTr_1の電源（コレクタ）は，安定化された5 V系電源ではなく，DCジャック

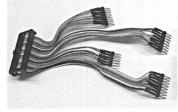

写真8
Arduino接続用に作った30ピンのケーブル

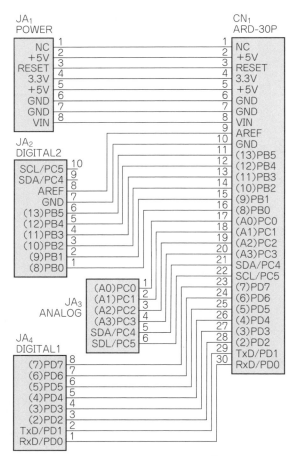

図8　製作した基板とArduinoとの接続用ケーブルの配線

表1　部品表

品　名	型　名	メーカ名
ユニバーサル基板	ICB-98	サンハヤト
液晶表示器	SC1602BS	SUNLIKE
2回路リレー	G6A-274P DC12V	
30ピン MILソケット	XG4M-3030-T	オムロン
30ピン・ピン・ヘッダ	XG4C-3031	
押しボタン・スイッチ	B3F-1000	
チャージポンプ電源IC	ICL7660	インターシル
2.5 V基準電圧	MCP1525-I/TO	マイクロチップ・テクノロジー
12ビットA-Dコンバータ	MCP3204	
計装アンプ	AD8226	アナログ・デバイセズ
OPアンプ	LMC6482	テキサス・インスツルメンツ
端子台	XW4E-02C1-V1	オムロン
ポテンショメータ	67W	BIテクノロジ
NPNトランジスタ	2SC4685	東芝
抵抗入りトランジスタ	RN1202	
LED	－	－
抵抗/コンデンサ/コイルなど	－	－
ICソケットなど	－	－

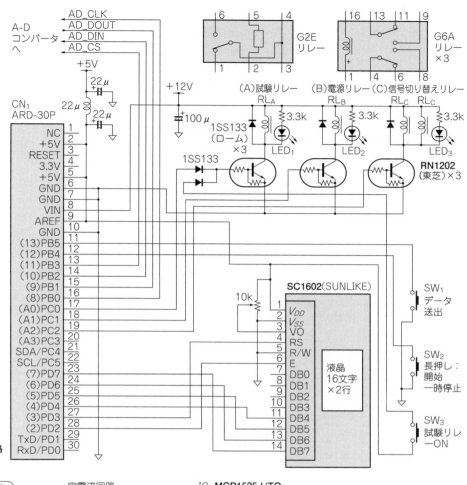

図9 本器のディジタル回路ブロック

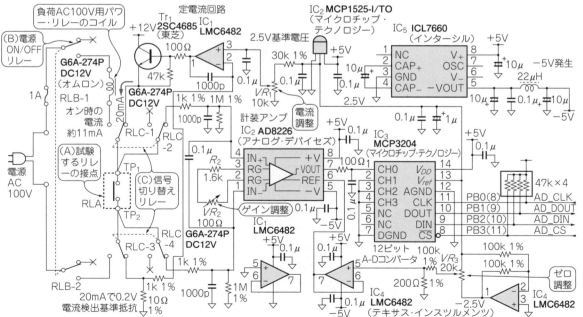

図10 本器のアナログ回路ブロック

で供給される12V系電源を用います．電流の設定を大きく（例えば100 mA）したとき，Arduino上のレギュレータに負担をかけないためです．

試験するリレー接点（A）がOFFのときは電流が流れません．定電流回路の制御系はなんとかして電流を流そうとTr_1をドライブします．このときTr_1のコレクタ電圧である12Vが出てきそうですが，エミッタに出てくる電圧は制御しているOPアンプ（IC_1）の出力電圧（5V電源）となり，計装アンプの入力に過大な電圧が加わることはありません．

● 計装アンプ

AD8226はPNPトランジスタ入力の計装アンプです．単電源で使えるのですが，設定ゲインに対する同相入力電圧範囲の制限で，マイナス電源が必要になりました．単電源だと出力電圧が1.5Vを越えたあたりから飽和しだします．R_1につながるマイナス側入力の電圧が0Vに近いのが原因です．定番のICL7660（スイッチト・キャパシタ電圧コンバータ）を使って−5Vを発生させることにしました．VR_2で計装アンプのゲインを，VR_3でゼロ・オフセットを調整します．

アンプに必要なゲインは次のように計算します．

(1) 4095 mΩが測定の最大値
(2) 定電流回路で20 mA流れるので約82 mVの電圧となる
(3) これを2.5 VフルスケールのA-Dコンバータ入力まで増幅
(4) 2.5 V÷0.082 Vで約30.5倍
(5) AD8226のゲイン設定抵抗は「49.4Ω÷（ゲイン−1）」で計算
(6) 1.6 kΩで31.8倍．1.7 kΩで約30倍となるので，1.6 kΩの固定抵抗に100 Ωの調整用ボリュームを付加

▶ A-Dコンバータ

MCP3204は4チャネル入力の12ビットA-Dコンバータです．このうちの1チャネルだけを使っています．基準電圧源は外付けで，2.5 V出力のMCP1525を接続しています．

(1) 定電流値の設定
TP_1とTP_2間に直流電流計を接続しVR_1で20 mAちょうどに設定する

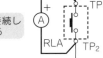

(2) ゼロ点調整
TP_1とTP_2をリード線で短絡し，その両端の電圧を測定する．
電圧計の読みが0.04 mVなら電流20 mAからリード線の抵抗が2 mΩだと計算できる．
液晶表示値がその値になるようVR_3を調整する

(3) ゲイン調整
TP_1とTP_2を4Ω程度の抵抗（フルスケールに近い値）で短絡し，両端の電圧を測定する．
電圧が79 mVなら電流20 mAで割り算して抵抗値が3950 mΩと求まる．
表示値がその値になるようVR_2を調整する．
その後，(2)と(3)を繰り返す

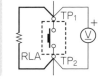

図11 測定前にアナログ回路を調整する

● 調整方法

調整方法を図11に示します．Arduinoとの接続が終わってからプログラムを起動し，液晶表示を見ながら行います．

(1) 20 mA定電流値の設定
(2) 試験するリレー接点（a）を短絡してゼロ調整
(3) 抵抗を使ってのゲイン調整

AVRマイコン本来のI/O動作速度を引き出すには　　　　Column

Arduinoの出力信号制御ではピン番号を指定した`digitalWrite()`を使います．ところがこの関数の処理速度が遅く，"H"のパルスを出して下げるだけで4 μsほどかかってしまいます．

そこで次のライブラリを使います．本来のビットI/O速度が出ます．

```
#include<compat/deprecated.h>あるいは"wiring_private.h"
```

```
sbi(PORTB,PORTB5);//高速パルス出力
cbi(PORTB,PORTB5);
```

こんな記述で，アセンブラの

```
__asm__("sbi 0x05,5");
__asm__("cbi 0x05,5");
```

と，同じコード（最高速）をひねり出してくれます．これで，125 nsのパルス幅（2クロック分）となります．

ソフトウェア

● Arduinoでの制御

試験するリレー接点を何度もON/OFFし，回数を見て接点の接触抵抗を測定，そしてその結果を内蔵EEPROMに記録するという処理を繰り返します．詳細はソース・ファイルを見てください．ここでは処理の概要を示します．

(1) タイマ制御

ライブラリ「MsTimer2.h」を使い1msごとに割り込み処理しています．三つあるリレーのON/OFF切り替えやスイッチ入力の時間管理を行います．

(2) 液晶表示

ライブラリ「LiquidCrystal.h」を用いて液晶表示しています．文字数や書式を指定できない`lcd.print()`ではなく，C言語の関数である`sprintf()`を使って数値を文字列に変換しています．

(3) EEPROM記録

ライブラリ「EEPROM.h」を使っています．リレーのON/OFFを1万回ごとに測定した接触抵抗値をEEPROMに記録します．1Kバイトの容量ですので，2バイトのmΩ値を最大500回分，つまりの500万回分の測定結果を保存します．

(4) シリアル出力

データ送出スイッチ(SW_1)を押すと，EEPROMに保存した測定値をまとめてシリアル出力します．また，リレーのON/OFF実行時は200回ごとに接触抵抗測定タイミングを設けてあり，このときに計った値をON/OFF回数とともにシリアル出力します(リスト1)．

(5) A-Dコンバータ入力処理

A-Dコンバータの制御ポートは`digitalWrite()`と`digitalRead()`で処理しており，特に高速化(SBI，CBI命令を利用)はしていません．数値の安定化のため，64回の平均処理を行っています．

(6) リレー制御

接触抵抗測定側へのリレー切り替えと電源接続側への切り替え，試験リレー接点のON/OFF実行は独立した処理にして記述しています．ON指令あるいはOFF指令，接触抵抗測定開始のフラグを立てると，リレーの切り替え処理が順次実行されます．

(7) 操作スイッチ入力処理

データ送出スイッチ(SW_1)はチャタリング除去をしてONのエッジを見ているだけですが，測定開始スイッチ(SW_2)は長押し(2秒間)の判断をしています．長押しするとリレーのON/OFF回数をゼロクリアしてのスタートとなります．

(8) 測定実行

一連の処理を記述したルーチンを関数のテーブルにして並べ，それを順次実行する方式で測定を行います．リスト2のように17の処理に分かれています．

● リレーの制御

図12のようなタイミングでリレーのON/OFF，それにA-Dコンバータでの接触抵抗の測定を行います．負荷の開閉は毎時およそ2万回で，1回当たりの周期が180msです．このとき電源周波数と同期しないように，乱数を用いて(+0ms～+3ms)ON/OFF時間を少しだけ変動させています．100万回の開閉試験に2日以上必要です．

▶接触抵抗測定時

(1) リレー(A) (B) (C)ともOFF．リレー(C)のB接点で四端子法による測定回路につながる

リスト1 本器で取得した接触抵抗値

リレーのON/OFF実行時は200回ごとに接触抵抗測定タイミングを設けてあり，このときに測った値

```
開閉回数    (mΩ)
----------
  16400    136
  16600    212
  16800    507
  17000    525
  17200    215
  17400    542
  17600    243
  17800    267
  18000    695
     :
1156600    851
1156800    844
1157000    413
1157200    378
1157400    724
1157600    722
1157800    935
1158000    726
1158200   1645
     :
```

リスト2 抵抗値測定のプログラム

一連の処理を記述したルーチンを関数のテーブルにして並べ，それを順次実行する

```
/***** 実行テーブル *****/
void (*tblexc[])(void)={
    jttl,      // 0:タイトル表示
    jttl1,     // 1:タイトル表示完了待ち
    jstby,     /* 2:スタンバイ */
    jstby1,    /* 3:スタンバイ#1 */
    jswchk,    //* 4:スイッチチェック
    jdtx,      /* 5:データ送信 */
    jrun,      //* 6:リレー接点開閉実行
    jrun1,     /* 7:リレー接点開閉実行#1 */
    jrun2,     /* 8:リレー接点開閉実行#2 */
    jrun3,     // 9:リレー接点開閉実行#3
    jrun4,     // 10:リレー接点開閉実行#4
    jmes,      //*11:接触抵抗測定
    jmes1,     // 12:接触抵抗測定#1
    jmes2,     // 13:接触抵抗測定#2
    jmem,      //*14:接触抵抗記録
    jmem1,     // 15:接触抵抗記録
    jmwr,      //*16:接触抵抗記録
};
```

リスト3　1万回ごとの接触抵抗記録の際に安定した値を得るくふうをして得たデータ

```
・10万回目
      (mΩ)
100000  1444  10万回直後
100000    44  60秒待ち
100000    41  +10秒
100000    38  +20秒
100000    37  +30秒
100000    36  +40秒
100000    35  +50秒
100000    34  +60秒
100000    34  +70秒目で安定

・50万回目
      (mΩ)
500000   853  50万回直後
500000    43  60秒待ち
500000    38  +10秒
500000    37  +20秒
500000    36  +30秒
500000    35  +40秒
500000    35  +50秒目で安定

・100万回目
       (mΩ)
1000000  1164  100万回直後
1000000    39  60秒待ち
1000000    37  +10秒
1000000    36  +20秒
1000000    35  +30秒
1000000    35  +40秒目で安定
```

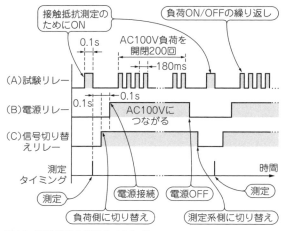

図12　接触抵抗の測定タイミング

リスト4　リレーの駆動時間と測定回数の設定

```
/***** 設定値 *****/
#define MESD_MAX   501        //測定データ最大値
                              //0回目＋500万回目
#define RL_DCYC    200        //接点データ表示サイクル
#define RL_MCYC    10000L     //接点データ測定記録サイクル

//リレー切替時間設定
#define TM_RLSEL   100        //測定時リレー切り替え時間 (x1ms)
#define TM_RLCHOP   90        //試験リレー ON/OFF時間 (x1ms)
#define TM_MWAIT    60        //測定記録確認待ち時間 (x1秒)
#define TM_MRTRY    10        //測定記録リトライ待ち時間 (x1秒)
```

● **安定した測定値を得るには**

試運転を繰り返していると次のようなことに気が付きました．

- ON/OFFを繰り返した直後の接触抵抗値が大きくなる
- しばらく放置しておくと接触抵抗値が低くなり落ち着く
- 負荷となるパワー・リレーを外しているとこの現象は生じない
- 負荷開閉によるスパークなど接点部の発熱が影響しているのかと推測．真の原因は不明

そこで，1万回ごとの接触抵抗記録では次のような処理を追加しました．

(1) 1万回目の接触抵抗を測定
(2) 測定後に60秒時間待ち
(3) 接触抵抗を再測定して前回の値と比較
(4) 値が小さくなっていればさらに10秒待つ
(5) (3)と(4)を繰り返す
(6) 安定したらEEPROMに記録

このようにして安定した値を得ました．時間経過とともに測定値が変化するようすをリスト3に示します．リレーの駆動時間と測定回数はリスト4のように設定しています．適時変更してください．

(2) リレー(A)（試験する接点）ON．接点に20mAが流れる
(3) A-D変換開始．接触抵抗測定
(4) 変換終了でリレー(A)OFF

▶接点断続開閉時

(1) リレー(A)，(B)，(C)ともOFF
(2) リレー(C)（信号切り替えリレー）ON．四端子法測定回路が切り離され，負荷となるパワー・リレーにつながる
(3) リレー(B)（電源接続リレー）ON．負荷のパワー・リレーに電源がつながる
(4) リレー(A)をON/OFFし，試験する接点の開閉を繰り返す．負荷のパワー・リレーがON/OFFする
(5) 200回経過でリレー(B)，リレー(C)の順でOFFし接触抵抗測定動作を行う
(6) 1万回経過で測定した接触抵抗値をEEPROMに記録
(7) EEPROMの容量いっぱいまで記録したら終了
(8) SW2の操作で計測実行の一時停止と再開

(初出：「トランジスタ技術」2013年3月号 特集 第6実験ベンチ)

製作 7 メカ部品の耐久試験に使える反復直線運動装置
RCサーボ含め7個の部品でパッチンパッチン

使用するプログラム Arduino Program07

高橋 泰雄

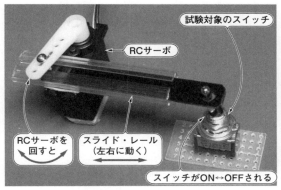

(a) メカ部

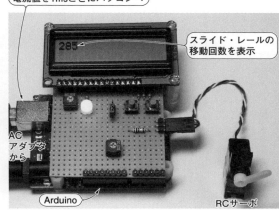

(b) コントロール部

写真1 人間の代わりにスイッチのON/OFFをひたすら行ってくれる試験装置

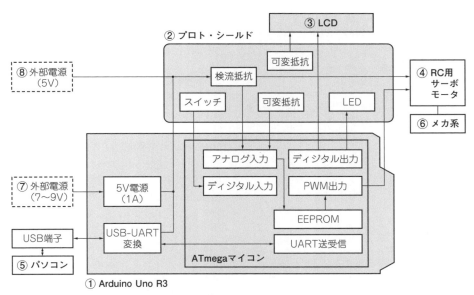

図1 Arduinoで製作した反復直線運動装置のブロック図

● トグル・スイッチをON/OFFする人の手の動きを生み出せる

スイッチなどメカ部品の耐久試験に向く反復運動装置を作りました(**写真1**).

本器の全体ブロック図を**図1**に示します.RCサーボモータ(以降,RCサーボ)と機構部品を使うことで,あらかじめ設定された二つのポジションを繰り返し移動します.ケーブルの屈曲耐久試験やスイッチの作動耐久試験,コネクタの挿抜試験などに使用できます.

図2に機構部品の動きを示します.RCサーボは一

ハードウェア 73

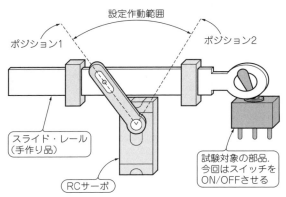

図2 スイッチをON/OFFするためにRCサーボの円運動を直線運動に変える

般的に最大で約180°の作動範囲を持っています．この作動軸に手作りのスライド・レールを取り付け，試験対象であるメカ部品と接続します．Arduinoはスライド・レールが目的の動作をするようにRCサーボの作動範囲を2個所登録して使用します．

移動回数は小型液晶ディスプレイに表示されます．駆動時の電流値は約1 msごとにUSBを介してパソコンに送信されます．単にメカ部品を長時間，何回も動かすだけではなく，そのときの電流値を記録すれば，メカ部品の摩耗具合なども分かります．

メカ部品の駆動系がロックした場合など，消費電流が一定値を超えたときには，自動的に動作を停止します．検出電流値や動作間隔時間は，Arduinoのプログラム（スケッチ）を修正することで簡単に変更できます．

仕様
- RCサーボ制御：50 Hz，5〜10%PWM
- パソコン・インターフェース付き
- 製作費：約2,000円

応用例
- メカ部品の耐久試験

ハードウェア

何らかの機器や装置の作動耐久試験などで，単純な動きを繰り返し続けるメカの駆動に，安価なRCサーボを使用したいが，コントローラを作成するのが面倒というときに，Arduinoは最適です．

RCサーボ以外に必要な回路は，簡単なスイッチや可変抵抗，LEDだけのため，ユニバーサル基板を使用したArduino用プロト・シールド上に構成しています．

電源はパソコンのUSB端子から供給することもできますが，RCサーボの駆動電流が大きい場合やパソ

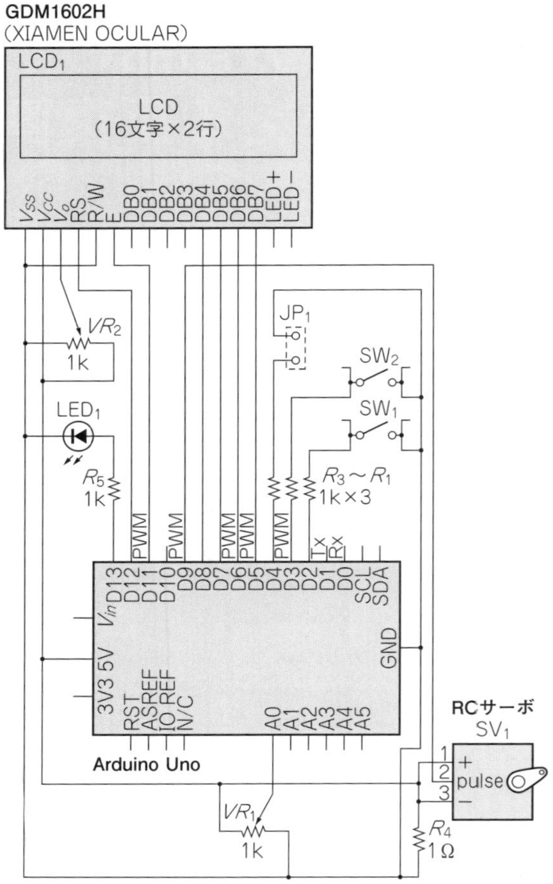

図3 本器の回路図

コンを接続しない場合には，別途，ACアダプタを接続して電源を供給します．また，RCサーボの駆動電流がArduinoから供給できる電源容量（1 A）を超える場合には，さらにRCサーボ専用の電源を追加します．

RCサーボ制御用のPWM出力は，Arduinoの出力をプロト・シールドを通して，直接RCサーボへ出力しています．LCD表示制御用の信号も同じように，Arduinoの出力をプロト・シールドを通して直接，小型ディスプレイへ出力しています．RCサーボの先には，目的に応じたメカの駆動系を接続してください．

図3に装置の回路図を示します．表1に今回製作したプロト・シールド基板に必要な部品表を示します．表2に，トルクの違うサーボモータを紹介します．

使い方

可変抵抗器VR_2を調整して小型ディスプレイの輝度を見やすい状態に調整します．ディスプレイの輝度はArduinoから制御していません．

表1 Arduinoで製作した反復直線運動装置のプロト・シールド基板の部品表

品　名	定数など	型名など	メーカ名など	数量
LCD	16文字×2行（HD44780互換）	GDM1602H	XIAMEN OCULAR	1
可変抵抗器	1k	3362P-1-102LF	Boums, Inc（秋月電子商商）	2
炭素皮膜抵抗器	1kΩ，1/6，5%	CF16J1KB	秋月電子商商	4
炭素皮膜抵抗器	1Ω，1/4，5%	CF25J1RB		1
LED	LED φ5 リード 赤色	OS5RPM5B61A-QR	OptoSupply（秋月電子商商）	1
ジャンパ・ピン	2ピン	2228AG	Neltron（秋月電子商商）	1
ピン・ヘッダ	40ピン	PH-1X40SG	Useconn Electronics（秋月電子商商）	1
ピン・ヘッダ	6ピン（L型）を分割	2211R-06G-LP	Neltron（秋月電子商商）	1
連結ピン	オス-オス　20ピン	6604P-20G-121	Neltron（秋月電子商商）	1
タクト・スイッチ	6 mm	DTS-6	Cosland（秋月電子商商）	2
SIP ICソケット	20ピン	6604S-20	Neltron（秋月電子商商）	1
基板	片面ガラス 95×72 mm	AE-B2-CEM3	矢島製作所（秋月電子商商）	1
スペーサ	10 mm	P-01864	OptoSupply（秋月電子商商）	2
RCサーボモータ	22.8×9.5×16.5 mm	GWSPIC/STD/F	GWS（秋月電子商商）	1

表2 トルクが違うサーボモータにも差し替えられる
いずれもGrand Wing Servo-Tech社

型　名	サイズ [mm]	重さ [g]	速度 (4.8 V) [s/60°]	トルク (4.8 V) [kg/cm]	実測した電流値 (5 V無負荷) [mA]
PICO-STD	22.8×9.5×16.5	5.4	0.12	0.70	200～300
NARO-HP/BB	22.0×11.24×21.35	8.8	0.10	1.20	200～300
Micro-STD	28.0×14×29.8	18.0	0.16	1.80	200～250

(1) ポジションの登録

JP1にジャンパ・ピンを取り付けると，ポジションの登録状態であることを示すLEDが点灯します．

この状態でVR1を回すと，その位置に応じてRCサーボが移動します．設定したい位置に調整をしてSW1を押すとその位置がポジション1として登録されます．同じようにもう一方の位置（ポジション2）をSW2で登録します．登録処理中にはLEDが一瞬消灯します．登録された位置はEEPROMに記憶されるため，電源を切っても再登録の必要はありません．

JP1を取り付けると，そのときのVR1に応じた位置にRCサーボがいきなり移動します．初めはスライド・レールを外した状態でJP1を取り付け，作動位置を調整しながらスライド・レールを接続する方がよいでしょう．

(2) RCサーボの連続動作をモニタ

JP1を取り外すとLEDが消灯し，登録した2個所の位置の間をRCサーボが約0.5秒ごとに連続で移動動作を繰り返します．繰り返しの回数は，小型ディスプレイに表示されます．この回数は（ポジション1→ポジション2→ポジション1）を1サイクルとして表示され，約42億回までカウントできます．このときRCサーボの駆動電流が約1 msごとにパソコンに送信されます．送信されたデータはArduino IDEのシリアル・モニタで確認できます．シリアル・モニタはArduino IDE右上のアイコンをクリックすることで起動します．

図4にシリアル・モニタ画面を示します．通信のボー・レートを115200 baudに設定すると，画面に駆動電流値が表示されます．1番目のデータは駆動時間タイム・スタンプで，0～1000 msの範囲で表示されます．2番目のデータが，そのときのRCサーボの駆動電流を示し，単位は［mA］です．

この画面に表示されたデータは，マウスで選択後，「Ctrl＋C」のショートカットでクリップボードへコ

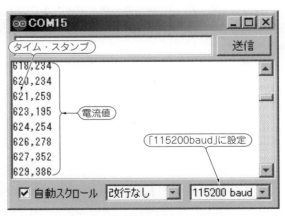

図4 Arduinoを通してパソコンに表示した測定結果

リスト1 Arduinoで作る反復直線運動装置のプログラム(約40行)

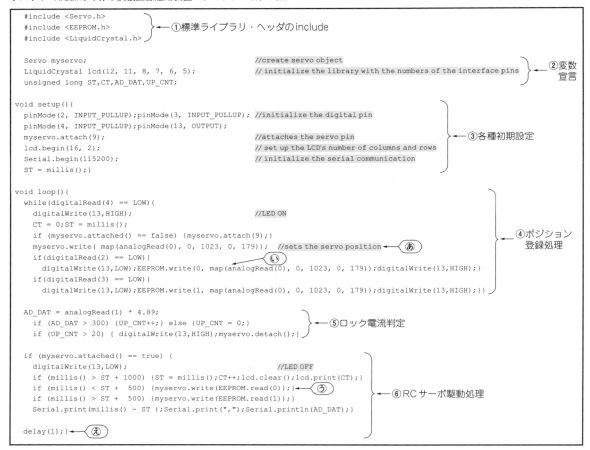

ピーされるので，Excelなどにデータを貼り付ければデータの解析を容易に行うことができます．駆動電流のモニタが不要であれば，RCサーボの駆動中には，パソコンとの接続は不要です．

(3) 異常発生？ロック電流を検出

RCサーボ作動中，駆動電流が設定値より大きくなった場合には，RCサーボが停止し，LEDが点灯します．

この場合，JP1にジャンパ・ピンを取り付けて，一度設定モードにすると，ロック検出状態は解除され，ジャンパ・ピンを取り外すと再度，連続作動を続けます．同時に小型ディスプレイに表示されている作動回数もリセットされます．

ソフトウェア

Arduinoを使用すると，この程度の機能は，わずか40行ほどのスケッチ(**リスト1**)で完成します．

① 標準ライブラリ・ヘッダのinclude部

RCサーボ制御信号の出力，EEPROMへの読み書き，小型ディスプレイへの表示は標準で用意されているライブラリを使っています．先頭ではこれらライブラリのヘッダを`include`しています．

② 変数宣言

続く変数宣言部では，RCサーボや小型ディスプレイのオブジェクト，およびスケッチ内で使用する変数を宣言しています．LCDの宣言では，制御に使用するピン番号も指定しています．

③ 各種初期設定

スケッチが実行されたとき，最初の1回だけ実行される`SetUp()`ルーチンでは初期設定を行っています．スイッチ入力，LED出力に使用するピンの入出力設定，RCサーボ制御に使用するピンの設定，小型ディスプレイのタイプ(16文字×2行)，電流値をパソコンに送信する通信速度，変数の初期値入力を行っています(**リスト1**の③部)．

④ メイン

メインのloop()ルーチンは主に，次の三つから構成されています．

▶ポジション登録処理

JP1にジャンパ・ピンが取り付けられていると実行されるルーチンwhile(digitalRead(4)==LOW)でジャンパ・ピンの有りなしを判定しています．このルーチン内ではボリュームの位置をA-Dコンバータで検出し，その位置に応じたRCサーボ制御信号を出力しています（リスト1の④-あ部）．

ここでボリュームの位置を示すA-Dのデータ（0～1023）を，RCサーボの位置データ（0～179°）に変換するために，標準関数のMAP関数を使っています．MAP関数の詳細はArduino IDEのリファレンスを参照してください．

さらにスイッチが押されれば，そのときのRCサーボの位置データを標準ライブラリ関数のEEPROM.write()関数を使ってCPU内蔵のEEPROMに書き込んでいます（リスト1④-い部）．このときEEPROMへの書き込み時間を利用して，LEDを一瞬消灯させて，書き込みが行われたことの表示としています．

▶ロック電流判定（リスト1⑤部）

RCサーボの駆動と同時に駆動電流値をモニタしています．これはRCサーボのGND端子に接続した1Ωの抵抗に発生する電圧を，A-Dコンバータで読み込むことで行っています．この電流値が一定時間（20 msに設定），一定の値（300 mAに設定）を超えた場合，RCサーボ制御信号出力ピンを開放することで，RCサーボの動きを止めています．同時に異常状態を表示するためにLEDを点灯させています．

▶RCサーボ駆動処理（リスト1⑥部）

時間に応じて，RCサーボにEEPROMから読み出した位置指定の制御信号を出力しています．時間の制御は，標準関数であるmillis()関数を利用しています．この関数は電源ONからの経過時間をms単位で（unsigned long型）返す関数で，約50日間オーバーフローすることがありません．

この関数の戻り値をベースに，0～500 msの間はポジション1へ，500 ms～1000 msの間はポジション2へ，RCサーボが移動するように制御信号を出力しています．また，1000 msを超えた場合は0 msに初期化しています（リスト1の⑥-う部）．

さらにモニタした駆動電流値をシリアル通信でパソコンへ送信しています．これら一連の動作が約1 msごとに実行されるよう，delay(1)関数にて待ち時間を確保し，全体の処理時間を調整しています（リスト1の⑥-え部）．

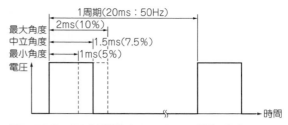

図5　RCサーボの位置制御は50 HzのPWM信号で行う

定数やパラメータの設定

● スイッチ入力部の保護抵抗

スイッチ入力部は1kΩの保護抵抗を介してグラウンドと接続してあります．万が一，Arduinoのスケッチを間違えて出力設定としても，過電流が流れないための保護抵抗です．今回のスイッチ入力部はCPU内蔵のプルアップ抵抗を使って判定していますが，この内蔵抵抗値が20 kΩ程度なので，1 kΩ程度の保護抵抗を取り付けても問題なく判定できます．

● RCサーボ制御信号

RCサーボの制御信号は，標準のライブラリを使って出力しています．ライブラリには二つの関数があり，servo.write(angle)関数は，引き数にRCサーボの位置を角度で指定します．servo.writeMicroseconds(uS)関数は，引き数にPWM信号の"H"時間をμs単位で指定します．今回はスケッチを簡単にするために，角度指定の関数を使用し，また，その位置の登録も2個所だけとしています．

一般にRCサーボの位置制御は，図5のような50 Hz（20 ms）のPWM信号で行われています．この信号のデューティ比が5％（1 ms）で0°の位置に，10％（2 ms）で180°の位置に移動します．

小型RCサーボの最高移動速度は，約0.5 sで180°です．今回のスケッチでは，0.5 s周期で2点のポジション信号だけを出力しています．したがって，移動はRCサーボの持つ最高速度で行われていますが，時間ごとに出力ポジションを細かく制御するようスケッチを変更すれば，移動位置や速度をもっときめ細かく（遅く）制御することも可能です．

RCサーボは，制御線と電源線，グラウンド線の3本の線を接続します．そのピン配置はメーカや型式によって異なることがあるので，RCサーボの取り扱い説明書で確認してください．

● RCサーボの駆動周期

RCサーボの駆動周期は比較的容易に変更できます．millis()関数をベースに，経過時間でポジション

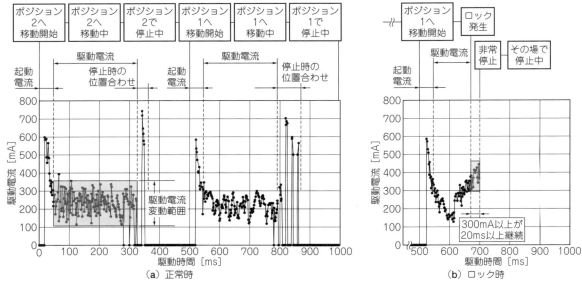

図6 RCサーボが動作しているときの電流値の変化
ロック電流の検出値をいくつにするかの検討データ

制御信号を切り替えているため，この経過時間（スケッチ中の500 msと1000 ms）を変更すれば，駆動周期は変更できます（リスト1の⑥-⑤部）．

ただし移動速度は最速（180°/0.5 s）ですので，周期を長くしても指定ポジションで停止している時間だけが長くなります．反対に周期を短く設定しすぎると，指定位置に達しないうちに元の位置へ戻ります．

● ロック電流の検出値

RCサーボの駆動電流は大きく変動します．駆動開始時にはロック電流と同じレベルの起動電流が流れますから，ロック状態の検出には工夫が必要です．今回は1 msごとに駆動電流値を計測しており，正常作動時の電流波形［図6(a)］を参考に，「駆動電流300 mAが，20回（20 ms）連続した場合，ロック状態」と判定しています．

駆動電流，ロック電流は，作動させるメカ系の負荷や，使用するRCサーボで千差万別です．実際に使用するRCサーボでデータを取って，個別に設定する必要があります．

今回の装置はパソコンに駆動電流値を出力していますので，このデータをArduino IDEで受信して，Excelで解析すれば，ロック検出電流の設定値を判断できると思います．

▶正常時

この方法で今回使用したRCサーボ（ボール・ベアリングなし，樹脂製ギヤの最も安価なタイプ）を無負荷で1周期作動させたときの駆動電流波形が図6(a)です．

500 msごとにRCサーボが駆動している状態，通常作動時の電流値に250 mA程度の幅があること，駆動開始時と停止時に500 mA以上の大きな電流が短時間流れていることが分かります．停止時の大きな電流は，停止位置がオーバーシュート（行き過ぎ）して，その位置を正しい位置に戻すため，再起動がかかり，起動電流が流れているものと推察されます．

▶ロック時

RCサーボを意図的にロックさせたときの駆動電流波形を図6(b)に示します．駆動中に急激に作動電流が増えています．300 mA以上が20回（20 ms）連続した場合は駆動を止めるのと同時に，駆動電流のデータ送信も止めているため，図6(b)のような波形となります．実際のロック発生からロック検出してRCサーボが停止するまでに80 ms程度を要しているので，「250 mAを20回連続で検出」とした方が，メカ系に過負荷がかかる時間が短くなってよいのかもしれません．

（初出：「トランジスタ技術」2013年3月号 特集 第8実験ベンチ）

製作 8 ACモータによる回転リピータ&テスト状況レコーダ

使用するプログラム Arduino Program08

高野 慶一

カレンダIC搭載！ SDカードに特性の時間変化を保存してくれる

角度センサ（ポテンショメータ）などの回転耐久試験ができるテスト状況レコーダを製作しました．

図1に示すように，ACモータを駆動して角度センサをゆっくりと正逆回転させ，センサ出力の電圧データを取得し，それを測定時刻とともにmicroSDに記録し続けます．

センサの耐久試験結果は，連続試験をした後に磨耗や劣化，電気的特性で判定しますが，途中経過をトレースするため，全信号を採取し保存します．

スケッチを変更すれば，微動テストや間欠動作の長期間のテストが可能です．

耐久試験機制御部の外観を**写真1**に，全体の構成を**図2**に示します．

● Arduino Uno の入力
アナログ信号：16チャネル電圧検出（アナログ・マルチプレクサ使用，検出頻度は片回転100回）
ディジタル信号：停電検出（書き込み中のファイルは保護する）

● Arduino Uno の出力
- モータのCW/CCW切り替え用の信号
  16個の角度センサを同時に回す．回転は，両端で自己停止するACモータ・ユニットのCW/CCWを2本のポートで切り替えて行う．両端に達する時間はギヤで減速させ約30秒にする（Arduinoから供給するCW/CCWは約35秒とした）
- SPI：microSDシールドへのデータ書き込み．測定値はカンマ区切りのテキスト・データにして1Gバイト以上のmicroSDに保存する
- I²C：RTCモジュールと接続してRTCの時間データを保存するファイル名とデータに埋め込む
- カウンタのカウント・アップ
- 製作費：約8,200円

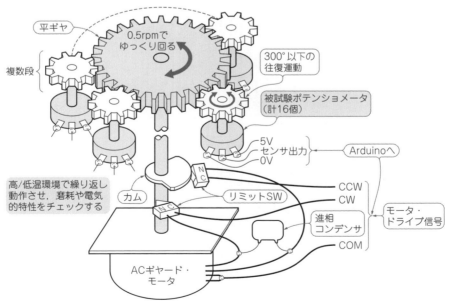

図1 製作した回転リピータ&テスト状況レコーダの機構部
16個のポテンショメータの耐久試験に使った．途中経過のセンサ出力電圧を時刻とともにmicroSDに保存する

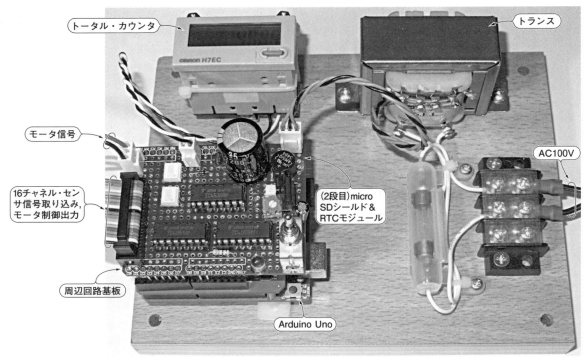

写真1 Arduinoで作った回転リピータ&テスト状況レコーダの制御部
16個の角度センサを同時に試験できる

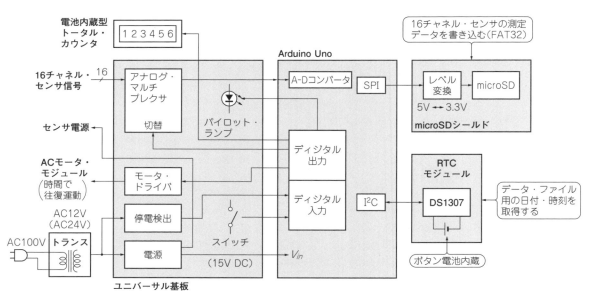

図2 Arduinoで作った回転リピータ&テスト状況レコーダの構成

作り方

図3に製作したテスト状況レコーダの回路図を，表1に部品表を示します．

● 電源

トランスから12 V×2回路のタップをつないでAC24 VとしてACモータに供給し，またセンサ電源としてAC12 Vを整流（約15 V）し，DC5.0 V/80 mAを外部に供給します．

Arduinoに搭載された3端子レギュレータを使用す

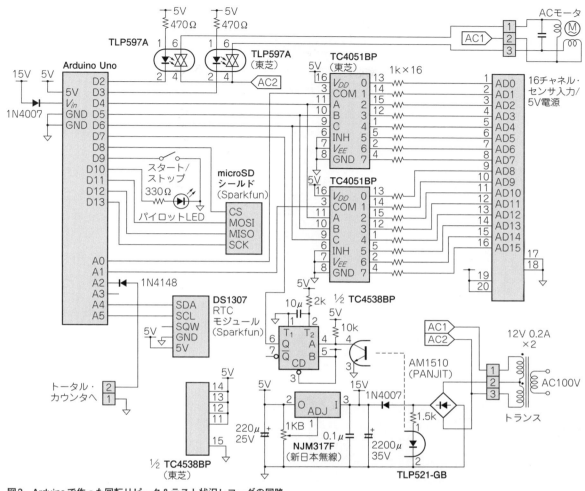

図3 Arduinoで作った回転リピータ&テスト状況レコーダの回路

ることも検討しましたが，Arduino自体が50mA程度消費するため，合計すると1.4W以上の発熱がありそうです．基板の放熱パッドを考慮してもICの定格を超えそうなので，センサ専用に電圧可変3端子レギュレータLM317(NJM317J)を使いました．

● microSDシールドで測定データを保存

データの保存には，3.3V-5Vレベル変換ICを搭載した市販のmicroSDシールド(Sparkfun)を使用しました．microSDシールドを購入するだけで回路に手を入れる必要はありませんが，スタッキング・コネクタは別途に購入してはんだ付けしました．SPIバス用のD11〜D13を使用しています．CSピンがD8に接続されているので，スケッチで設定します．

● データ取得時間を発生させてくれるリアルタイム・クロック・モジュール

リアルタイム・クロックに，電池を内蔵した小型基板モジュールDS1307 RTCモジュール(Sparkfun)を使いました．これをmicroSDシールドのユニバーサル部分に搭載しました．I²CバスとしてA4，A5の2本を使用します．

● 16チャネル入力

8入力のCMOSアナログ・マルチプレクサTC4051を2個使い，ArduinoのA0，A1ポートへ入力することで16入力に拡張しました．ポートの切り替えにはD4，D5，D6を使います．入力は電源電圧を超えないので，保護は抵抗のみで済ませました．

● 停電を察知してデータを守る

トランスのACを全波整流した波形をフォトカプラで絶縁し，リトリガ可能なワンショットIC TC4538で受け，ArduinoのポートD7へ入力しました．大容量電解コンデンサ2200μFで平滑した電源をV_{in}に供給しているため，Arduinoは，停電時にリセットがか

表1 Arduinoで作った回転リピータ＆テスト状況レコーダの部品表

品　名	定格・規格・品名	数量	メーカ名
制御ボード	Arduino Uno	1	−
microSDシールド	−	1	SparkFun
DS1307 RTCモジュール	−	1	SparkFun
CMOSロジックIC	TC4051BP	2	東芝
	TC4538BP	1	東芝
フォトカプラ	TLP597A	2	東芝
	TLP521-GB	2	東芝
ダイオード	1N4007	2	Vishay
	1N4148	1	Vishay
ブリッジ・ダイオード	AM1510	1	PANJIT
LED	汎用φ5 赤	1	−
電解コンデンサ	2200 μF，35 V	1	−
	220 μF，25 V	1	−
	10 μF，25 V	1	−
チップ積層セラミック・コンデンサ	0.1 μF，50 V	4	−
リード型，チップ型抵抗	回路図参照	22	−
半固定抵抗	GF06P，1 kΩ	1	東京コスモス電機
Arduino用バニラ・シールド基板	青	1	−
Arduinoシールド用ピン・ソケット・セット	−	1	−
ラッピング用ヘッダ・ピン	MDF7B-20P-2.54DSA	1	ヒロセ電機
基板用トグル・スイッチ	3TS106D-B/M	1	エスジーエム
MIL コネクタ	HIF3FC-20PA-2.54DSA	1	ヒロセ電機
ナイロン・コネクタ	5045-2，3	3	モレックス

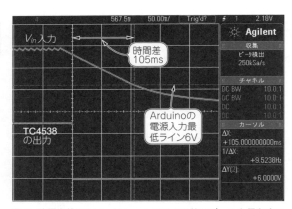

図4 停電を検出して，リセットがかかる前にデータを保存する
（上：5 V/div，下：2 V/div，50 ms/div）

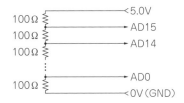

図5 テスト用の入力回路
16個の角度センサの代わりとなる回路

かるまでの100 ms強の時間差で，ファイル・クローズさせます．電源断時の信号のようすを図4に示します．

瞬停に対しては特に考慮していませんが，ハングアップ対策としてスケッチでウォッチドッグ・タイマを作動させており，またメイン・プログラムでパイロットLEDの点滅を定期的に確認することで対応しました．

● テスト用の電圧生成回路

機構部とは別に，ブレッドボードでアナログ入力用のテスト回路を図5のように作成して，データのチェ

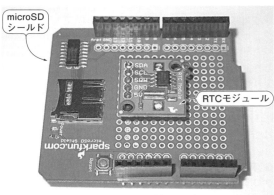

写真2 microSDシールドとRTCモジュール（SparkFun）

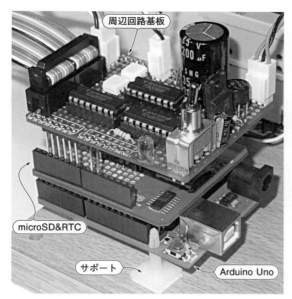

写真3 ArduinoとMicroSDシールド＆RTCモジュール，周辺回路基板は3段重ねでベースに固定

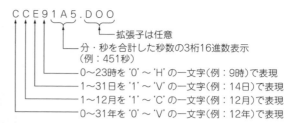

図6 RTCによる日付時間データからファイル名を作る

ックを行いました．

● 機構部

恒温槽に入れるため極力シンプルな構造にしました．図1のように24 VのギヤードACモータで低速回転させて，複数個のセンサを同時に動かします．被試験センサは機械的な有限角度（300°，実際にはセンタを中心に245°の範囲しか使わない）を持つので，リミット・スイッチで機械的に検知し，直接モータのドライブ信号を切断することで角度を制限しています．モータ側で角度を制限するので，Arduinoからは時間で区切った正回転（CW）/ 逆回転（CCW）のドライブ信号（"H/L"）を与えるだけで良くなっています．

● 製作

周辺回路は，Arduino用ユニバーサル基板に配線しました．Arduino, microSD + RTCモジュール（写真2），周辺回路基板の三段重ね構成です（写真3）．スタック用のピン・ヘッダだけでは強度が少々頼りないですが，サポートを使って一番下のArduinoをベース板に固定したので，ケーブルを接続しても安定しました．

ソフトウェア

リスト1に，作成したプログラムを示します．

● RTCモジュールとの接続

▶設定

RTCモジュールには電池が搭載されているので，一度セットすれば動作中にセットし直すことはありません．参考文献(1)に掲載されていたパソコンからの時刻設定プログラムを使って，最初に一度だけセットしました．購入直後は「停止」状態なので，この作業は必須です．プログラムは参考文献そのままです．

▶時間データの読み込み

RTCにアクセスするには，I^2Cインターフェースを使うためのWireライブラリを組み込みます．あとは，上記のRTC設定プログラムの読み出し部を流用しました．RTCのDS1307のレジスタには4ビットずつアクセスするので，2けたの数値はHEX扱いで標準の表示になります．例えば，12月は直読すると12 hと読み出せますが，10進として扱うと18になります．ファイル名の作成のために，10進数化や文字化するための関数を別途作りました．

● microSDシールドとの接続

▶準備

別のプログラムを起こし，書き込めるファイル数や書き込み時間，ファイル・クローズのタイミングなどをダミー・データを書き込んで確認しました．その結果，ルート，ディレクトリ共に，作成できる数は511個で，ディレクトリにファイルを詰め込むとほかのディレクトリへのアクセスに非常に時間がかかることなどが判明しました．

結論は，ある程度のファイル・サイズにまとめてルートに格納するのがよい，ということです．ディレクトリを分けて，細かいファイルで多数保存することは，非常に効率が悪いようです．

そこで，1行80バイト前後のテキスト・データを片道100回ぶん書き込み，それを100サイクルぶんで一つのファイルにまとめることにしました．そのサイズは800 Kバイト前後で，試験終了後にはファイル数は300個を超えますが，制限数の511個に対して余裕があります．

▶ファイル操作

SDライブラリを組み込むと，ファイル・システムFAT32を使えるようになります．データ管理は，どこで停止・停電しても後からデータの識別ができるように，ファイル名を日付時刻データから作成しました．

リスト1　Arduinoのスケッチ

```
#include <TimerOne.h>
#include <SD.h>
#include <Wire.h>
#include <stdio.h>
#include <avr/wdt.h>

#define  STOP  0
#define  CW    1
#define  CCW   2

int   DS1307_ADDRESS=0x68;
int   val = 0;
File  fl;                           //ファイル変数
int   adata[16];                    //アナログ・データ用バッファ
char  strg[32],fname[32];           //文字処理用
byte  r_sec,r_min,r_hour,r_week,r_day,r_mon,r_year;
short hsec;                         //分・秒を秒でカウントする
volatile  byte  tflag;              //0.35秒，割り込みで使う

void  setup() {
  digitalWrite(A2,HIGH);
  digitalWrite(10,LOW);
  pinMode(9,INPUT);                 //スイッチ入力
  pinMode(2,OUTPUT);                //motor CW
  pinMode(3,OUTPUT);                //motor CCW
  pinMode(4,OUTPUT);                //アナログ・セレクト0
  pinMode(5,OUTPUT);                //アナログ・セレクト1
  pinMode(6,OUTPUT);                //アナログ・セレクト2
  pinMode(7,INPUT);                 //停電検出
  pinMode(9,INPUT);                 //スイッチ入力
  pinMode(10,OUTPUT);               //LED
  pinMode(A2,OUTPUT);               //counter
  motor(STOP);
  digitalWrite(9,HIGH);             //スイッチ入力プルアップ
  Wire.begin();
  SD.begin(8);                      //microSD CS : pin8
  digitalWrite(10,LOW);             //SD.beginで"H"になってしまう
  Serial.begin(9600);
  Timer1.initialize(350000);        //Timer1 : 0.35秒
  Timer1.attachInterrupt( timerIsr );  //timerIsrをアタッチ
  tflag = 0;
  while(tflag==0);
  wdt_enable(WDTO_2S);
}

//Timer1 割り込み 0.35秒カウント
void timerIsr() {
  tflag=1;
}

#define  DATANUM  100

void  loop() {
  int  i,j,k,l;

  while(digitalRead(9)==HIGH) wdt_reset();  //スイッチ入力待ち
  delay(10);
  digitalWrite(10,HIGH);
  tflag = 0;
  readTime();
  sprintf(fname,"%c%c%c%c%03X.D00",H2C(r_year),H2C(r_mon),H2C
  (r_day),H2C(r_hour),hsec);
  Serial.println(fname);
  if((fl = SD.open(fname,FILE_WRITE))==false) for(;;);
                                    //ファイル・オープン失敗時は停止
  digitalWrite(10,LOW);
  for(i=0;i<DATANUM;i++) {
    readTime();
    sprintf(strg,"%02X/%02X/%02X %02X:%02d:%02d",r_year,r_
    mon,r_day,r_hour,r_min,r_sec);
    Serial.println(strg);
    fl.println(strg);               //日付タイトル書き込み
    motor(CW);                      //CW 35秒 with 100個分データ取り込み＆書き込み
    while(tflag==0);
    for(k=0;k<100;k++) {            //往路100データをサンプル
      tflag = 0;
      digitalWrite(10,HIGH);
      data_read();
      for(l=0;l<15;l++) {           //16データをカンマ区切りで書き込み
        fl.print(adata[l],DEC);
        fl.print(",");
      }
      fl.println(adata[15],DEC);
//fl.flush();                       //即クローズできるようにフラッシュしておく
```

ファイル名が8文字という制限があるので，**図6**のようなファイル名の規則にしました．

データは先頭に日付時刻を埋め込んで一往復ぶんの100行を1サイクルとします．**図7**のようなテキスト形式のデータです．

停電を検出してすぐにファイル・クローズができるように，1サイクル（100行）ごとにフラッシュ（flush：microSD内RAMに格納してあるデータを強制的にフラッシュ・メモリに書き出すこと）しておきます．初めは1行ごとのフラッシュも試してみましたが，処理時間がかかり，SDカードの書き込み回数制限の負担も心配なので，1サイクルにしました．停電時は最大

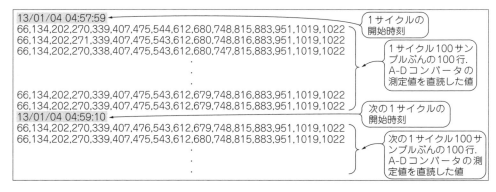

図7 SDカードに保存されるデータ例
図5のテスト用入力回路を使った

```
            digitalWrite(10,LOW);
            while(tflag==0) {      //0.35秒待ち
                if(digitalRead(7)==LOW) {    //停電?
                    fl.close();    //とりあえず即ファイル・クローズ
                    for(;;);       //永久ループ
                }
                if(digitalRead(9)==HIGH) goto lll;    //スイッチ:停止?
            }
            wdt_reset();
        }
        fl.flush();
        motor(CCW);
        //CCW 35秒
        for(k=0;k<100;k++) {      //復路はサンプルしない
            digitalWrite(10,HIGH);
            if(k==99) digitalWrite(A2,LOW);
            tflag = 0;
            delay(5);
            digitalWrite(10,LOW);
            while(tflag==0) {
                if(digitalRead(7)==LOW) {    //停電?
                    fl.close();    //とりあえず即ファイル・クローズ
                    for(;;);       //永久ループ
                }
                if(digitalRead(9)==HIGH) goto lll;    //スイッチ:停止?
            }
            if(k==99) digitalWrite(A2,HIGH);
            wdt_reset();
        }
    }
lll:
    fl.close();
    motor(STOP);
    while(digitalRead(9)==HIGH) wdt_reset();
    delay(10);
}

//16chアナログ信号入力
void data_read(){
    int  i;
    for(i=0;i<8;i++) {
        digitalWrite(4,bitRead(i,0));
        digitalWrite(5,bitRead(i,1));
        digitalWrite(6,bitRead(i,2));
        delayMicroseconds(10);
        adata[i]=analogRead(A0);
        adata[i+8]=analogRead(A1);
    }
}

//ACモータ制御
void  motor(byte cond) {
    if(cond==STOP) {digitalWrite(2,HIGH);digitalWrite(3,HIGH);}
    if(cond==CW)   {digitalWrite(3,HIGH);digitalWrite(2,LOW);}
    if(cond==CCW)  {digitalWrite(2,HIGH);digitalWrite(3,LOW);}
}

//00h～31hの2けたHEX -> 0～Uの一文字へ変換
char  H2C(byte bt) {
    char   rc;

    rc = ((bt>>4)*10+(bt&0xf)) & 0x3f;    //10進変換
    if(rc<=9) return(rc+'0'); else return((rc-10)+'A');
}

//RTCから日付時刻データ読み込み
void readTime() {
    byte rval;

    Wire.beginTransmission(DS1307_ADDRESS);
    Wire.write(val);
    Wire.endTransmission();
    Wire.requestFrom(DS1307_ADDRESS,7);
    rval=Wire.read();            //r_secは10進にしておく
    r_sec = ((rval>>4)*10+(rval&0xf));
    rval=Wire.read();            //r_minは10進にしておく
    r_min = ((rval>>4)*10+(rval&0xf));
    hsec = (r_min*60+r_sec) & 0xfff;
    r_hour = Wire.read();
    rval = Wire.read();          //week dummy read
    r_day = Wire.read();
    r_mon = Wire.read();
    r_year = Wire.read();
}
```

でも100行ぶんの書き込みでクローズ可能となり，停電検出の100 ms強で収まると予測しました．

なお，SDカードの初期化はスケッチの先頭で一度しか行わないので，活線での脱着には対応していません．

● モータの制御

使用するACモータ・ユニットは，回転信号（CWまたはCCW）を与えるだけで動作します．Arduinoからは二つのポートで操作します．両方ONは禁止のため，スケッチでは「正転・逆転・停止」を確実に制御するmotor()という関数を作りました．モータ・ユニットが自己停止するまでの時間は約30秒なので，余裕をみて35秒間信号を与えています．この35秒が本機の制御時間の基準です．

● Timer1割り込みを使った時間管理

1サイクルは，片道35秒の往復で合計70 sです．その往路で100データを採取するため，時間単位は0.35 s（=35/100）とします．復路は，データ収集を行わないこと以外は同じです．その管理にTimer1周期割り込みを使用し，その周期を0.35 sとしました．

Timer1の割り込みを使用する標準サンプル「ISRBlink」をひな型にしてコーディングしました．「TimerOne」ライブラリを使用するもので，割り込みの内容はフラグを立てるだけです．メインではフラグ待ちを往路100回，復路100回をこなすことで，1サイクルをカウントします．復路の最後で，外付けのトータル・カウンタを一つ進めます．

● アナログ入力

二つの8入力マルチプレクサIC TC4051を，それぞれアナログ入力A0, A1に接続しています．上記の0.35秒のサイクルの先頭で16チャネルを読み込み，microSDへ格納します．

ポートの切り替えはdigitalWrite()関数で行

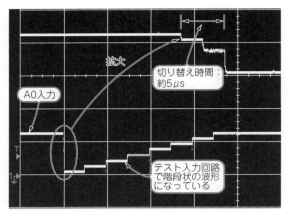

図8 アナログ入力の切り替えのようす(上:2 V/div,10 µs/div,下:2 V/div,500 µs/div)

いますが,一つの切り替え処理に約5 µsかかり,3ポートで15 µsです.また,アナログ信号が確実に切り替わっているかは波形を見て実際に確認します.

図8のように高速で切り替わっていますが,delayMicroseconds(10)関数で少し遅延させました.この関数の微小な遅延は正確ではないので,10という値に正確性はありません.

A-D変換時間は110 µs以上かかるため,信号を切り替えて遅延した後にA0,A1ポートを変換すると250 µs近くになり,切り替えながら8回繰り返すので全16チャネルの変換には2 msかかります.

● ウォッチドッグ・タイマ

Arduinoライブラリの中のwdt.hを組み込むとウォッチドッグ・タイマを使うことができます.そこで,ウォッチドッグ・タイマを2 sに設定し,メイン・ループでスイッチ待ちループや0.35 sの処理サイクルで wdt_reset()を挿入しました.

◆参考文献◆

(1) 神崎康宏;Arduinoで計る,測る,量る,CQ出版社,2012年3月.

(初出:「トランジスタ技術」2013年3月号 特集 第9実験ベンチ)

製作 9 水分中のイオン検出に！光スペクトラム分析装置

使用するプログラム Arduino Program09

使い古しCDで光を単色に分解してセンサで強度測定

脇澤 和夫

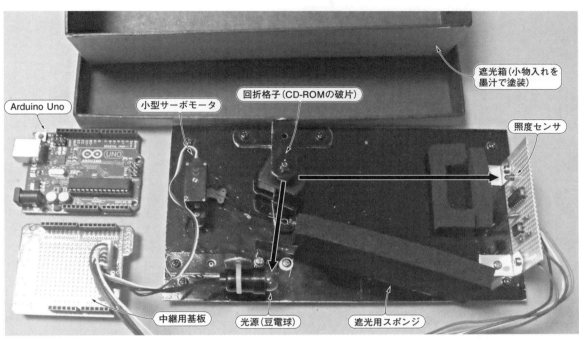

写真1 Arduinoで製作した光スペクトラム分析装置

写真1に示すのはArduinoで製作した光スペクトラム分析装置です．図1に全体の構成を示します．

分子や原子，イオンはそれぞれ特定の電磁波を放出したり吸収したりする性質があります．その性質を利用するのが光スペクトル分析（分光分析）です．

溶液などに含まれているものを分析（定性分析）したり，そのスペクトルの発光・吸収の強さを測れば含まれている量を分析（定量分析）できたりします．

光スペクトルを分析するには，光を各波長に分けるため分光用の鏡を利用します．今回はこれを使い古しのCD-ROMの破片で代用します．

光スペクトル分析の方法は大きく分けると，放出を利用するのが発光分析，吸収を利用するのが吸光分析です．例えば星の光を分析して組成を知るのは発光分析の一種です．硫酸銅などの水溶液は青く見えますが，これは銅イオンが赤い光を吸収する性質があるためです．今回は，吸光分析を行います．

仕様
- 波長範囲：400 n～650 nm程度（可視光）
- サーボモータによる回折格子の角度調整：約5°/分
- 波長分解能：可視光の範囲の波長を100分割程度
- 光強度分解能：10ビット
  （Arduino内蔵のA-Dコンバータ使用）
- 回折格子：CD-ROM，平面回折格子，ピッチ1.6μm
- 製作費：約7,500円

応用例
- フルカラーLEDなど光源の波長チェック

水溶液の成分を調べてみた

本器を使って塩化第2鉄エッチング液を希釈したものを測定してみました（図2）．小さな半透明のプラス

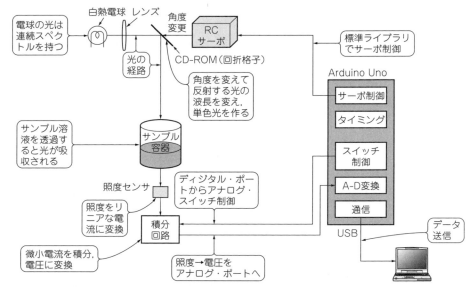

図1 Arduinoで製作した光スペクトラム分析装置の構成

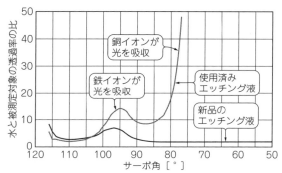

図2 塩化第2鉄エッチング液の使用後に含まれている成分を調べることに成功(実測)

チック瓶に入れた水とサンプルを測定し，透過率の比をとりスペクトル化しました．

グラフでは左から紫～青～橙～赤の光になっていきます．新液と使用済み液の両方にある左側の山は鉄イオンが光を吸収している部分です．グラフの右の方へ行くと新液では吸収はありませんが，使用済み液では大きく上り坂になっています．この部分が銅イオンの吸収です．赤い光はほとんど吸収されてしまいます．

この吸収量を見ることで，サンプル中に金属イオンがどれだけあるか知ることができます．

単色光をCD-ROMのかけらとサーボモータで生成する

● 特定の波長だけ反射する回折格子

光を単色光に分ける装置はモノクロ・メータといい，回折格子（グレーティング・ミラー）という鏡が使われます．反射面は非常に細かい鋸の歯のような断面形状

をしていて，反射角と光の波長の関係がはっきりしています．表面で反射する鏡なのでガラスなどの材質が光を吸収することもありません（**図3**参照）．

鋸歯状の回折格子はブレーズド回折格子といい，波長分解能・単色性に大変優れています．製造はかなり難しいので通常は型から作ったレプリカ・タイプです．それでも約35,000円（10 mm角，大きければ値段は指数関数で上がる）と高価でアマチュアには手が出ません．

今回は簡易な回折格子として使わなくなったCD-ROMを切って使いました．

● サーボモータでCD-ROMの光源との角度を微調整

ArduinoにはRCサーボ（ラジコン・サーボ）の駆動用関数が用意されているので，それを呼び出してRCサーボを駆動します．

回折格子（CD-ROMのかけら）は金具で保持し，適切な角度にできるようレバー比を決めます．ばねかゴムで引くことでガタがないようにします．

▶分光のしくみ

CD-ROMは，**図3**(**a**)に示すように，規則的にピット（凹凸）が並んだアルミ蒸着の樹脂板です．ピットはらせん状で，そのピッチは1.6 μmと定められています．ピットがある部分では光が散乱し，ない部分では反射されます．

図3(**b**)に示すように，回折格子の面に到達する光には時間差が生じるので，光の波長・位相がそろったところだけが強い反射をしたのと同じになります．これにより，分光ができます．

回折格子の角度を変えることで相対的に入射角・反

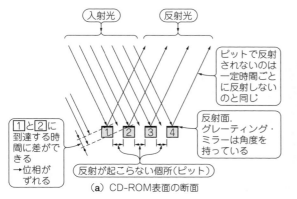
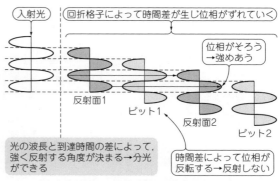

図3 CD-ROMは回折格子として利用できる
反射時の位相差で分光できる

射角が変わるので，角度によって違う波長の光を反射します．

▶ とはいえさすがにそんなに精度は高くない

CD-ROMで代用した回折格子は鋸歯状の本物のグレーティング・ミラーほどの分解能はありません．平面に溝があるため，光の波長が整数倍のところでも反射があります．溝は円周状にあるのでそこでも分解能は低下します．少しでも溝の配置を直線状に近づけて分解能を上げるために，外周付近を使い，幅を細くします．今回は，幅2mmまで縮めて使いました．

以上のことからあまり高精度な位置決めをしても意味がなく，サーボモータとばねで角度を決めています．角度調整はロッドに曲げ部分を作っておき，曲げ加減で行っています．角度調整は，1分当たり約5°の速さです．

● スリットと絞り

光源や回折格子，受光素子は，点ではなく「大きさ」があります．その大きさ分，光が照射する角度に広がりが生じます．例えば平行光と呼ばれている太陽光でも，光っている面に広がりがあるため10メートルほどの建物の影はふちがぼやけます．

これはスペクトル分解能を低下させる要因なので，モノクロ・メータでは狭いスリットとレンズを通すことで分解能を上げています．

光の通り道（光路）以外の場所も光は通り，反射します．反射光や外部から漏れてきた光が受光素子に入ればそれは雑音となり，光量測定に対する誤差が生じます．光路以外からの光をさえぎり，誤差を少なくするため，ついたてのようなものを遮光用として配置します．

今回は簡単に作るため，本格的な遮光箱（金属製で内側を艶消し黒塗装，足りなければ遮光・無反射の植毛紙も使ったもの）ではなく，ボール紙の箱の内側を墨汁で塗った遮光箱を使っています．

● 分析用光源

従来，化学分析では光源として白熱電球や重水素ランプが使われています．白熱電球は赤外から可視光まで，重水素ランプは紫外線の連続スペクトルを得ることができるからです．

ただし連続スペクトルといっても白熱電球ではガラスの吸収もあり，黒体輻射も平たんなスペクトルではなく，山なりとなります．重水素ランプも連続はしていますが，平たんではありません．光源が一定の出力ではない，というのが普通ですので，分析の前に光源の光量を測定しておき，分析時に元の光量との比をとることで計測値としています．

今回は豆電球（6.3V, 0.15A, 昔はパイロット・ランプ球と呼ばれていた）を光源にし，小型のレンズで拡散しにくくしています．

作り方

● 機構部分

写真2に機構部を示します．

今回はホーム・センタで手に入る金具とアルミ板で作っています．ただし，反射を防ぐためにすべて真っ黒に塗っています（油性ペン用の補充インクで塗る．乾きが速く，どこにでも塗れて修正も楽）．遮光材料としてスポンジ・ゴムを両面テープで貼るなどすれば金属を加工しなくてもよくなります．

光源は電球なのでL金具に取り付けています．

回折格子（CD-ROMを切ったもの）はコの字金具の内側に貼り付け，その角度をサーボモータで変化させています．

サンプル容器の場所や角度が変わらないように，スポンジ・ゴムで置き場所を作ってあります．注意点としては光の経路の高さを合わせることです．

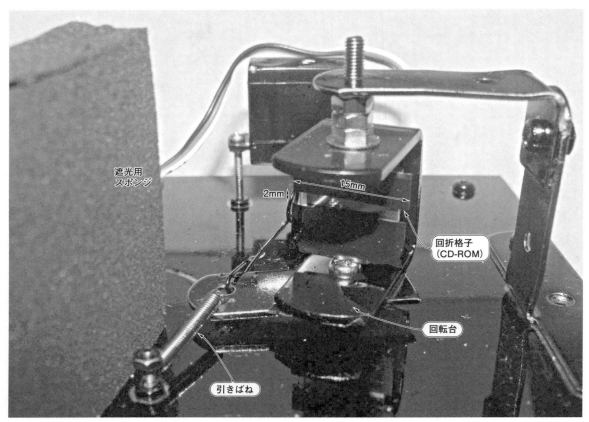

写真2 CD-ROMで作った回折格子

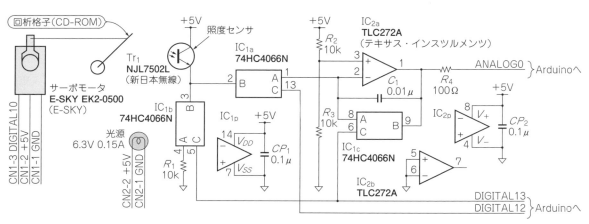

図4 Arduinoに追加する回路
Arduinoで積分時間を設定

● 光センサとその受光アンプ回路

　精密測光用のセンサとして使用されるのはフォト・ダイオードです．フォト・ダイオードは高速な受光に適したもの，直線性がよいもの，紫外線まで感度のあるものなどに分類されます．分析用光センサとしては暗電流(光が入射しないときの漏れ電流)が小さく，直線性の良いタイプを使います．受光波長領域は測定対象に合わせて選ぶ必要があります．

　今回は照度センサNJL7502Lを使っていますが，測光用フォトダイオードでも同じような使い方ができます．

▶積分回路&マイコンで平均化する方法…作りやすい

　今回製作した積分回路を図4に，部品表を表1に示します．Arduinoを使って，ノイズなども平均化してくれ，微小アナログ信号(直流に限られる)を扱う場合には思いのほか作りやすい積分型の受光回路を使います．主な仕様は次のとおりです．

- 分解能：1 nA
  照度センサ出力電流100 nA程度(暗黒時は1 nA程度)より
- 入力電流範囲：10 μ～1 nA程度
- 積分時間：10～1000 ms
- 電流・電圧変換比(ゲイン)：積分時間による

表1 部品表

配線番号 (基板対応)	品　名	定数，型名， メーカ名	数量
S_1	照度センサ	NJL7502L(リード品) または NJL7502R-TE1(表面実装品) 新日本無線	1
IC_1	アナログ・スイッチ	74HC4066N	1
IC_2	OPアンプ	TLC272AIP，テキサス・インスツルメンツ	1
R_1, R_2, R_3	炭素皮膜抵抗器	10 kΩ	3
R_4		100 Ω	1
C_1	フィルム・コンデンサ	0.01 μF	1
CP_1, CP_2	積層セラミック・コンデンサ	0.1 μF	2
基板	ユニバーサル基板	50×70 mm	1
		Arduino ProtoShield Kit (DEV-07914) Sparkfun	1
－	Arduino Uno		1
－	RCサーボ	EK2-0500，E-SKY	1
－	アルミ板		
－	金具類		一式
－	マジックインキ補充液	黒	1
－	豆電球・ソケット		一式
－	小物入れ	－	1
－	スポンジなど	黒	1

　ゼロ点検出時には照度センサとOPアンプを切り離し，積分用コンデンサを短絡すれば，OPアンプ出力はプラス入力の電位と同じになります．

　この期間，照度センサに流れる電流は抵抗R_1を通してグラウンドに流れます．次に照度センサをOPアンプに接続すると同時に積分用コンデンサの短絡をはずせば，OPアンプ出力は電流と時間の積に比例して下がっていきます．一定時間で照度センサを切り離し，OPアンプ出力の電位を測定して，OPアンプのプラス入力電圧との差をとれば，入射光量に比例した値が得られます．

　ポイントは，積分用コンデンサはフィルム系の漏れ電流の少ないものを使い，あまり大きな容量のものは使わないことです．この回路のメリットは照度センサに加わる電圧がいつでも一定であることで，抵抗負荷で測定するよりもノイズに強く，かつ直線性が良くなることです．

　積分型の電流測定回路を応用すれば，変動のある電流の平均値を確実に求められます．最近の超低消費電力ワンチップ・マイコンの平均電流の測定にも使えます．

▶一般的な超高入力インピーダンスのOPアンプ&高抵抗によるアンプを作る方法…大変！

　NJL7502Lやフォトダイオードの出力は電流なので，超高入力インピーダンスのOPアンプと高抵抗を使ったフォトダイオードの電流-電圧変換アンプで計測回路を作ります．高抵抗が必要になったり，ノイズ対策が大変だったりと簡単な回路の割に部品選択や実装などで苦労させられます．多くの場合，漏れ電流によるオフセットとノイズ，時には発振に悩まされます．

測定の手順

● Arduinoの動作

　本器のプログラムをリスト1に示します．

　forループでサーボモータの位置を決め，測光を行います．測光ごとにOPアンプ(積分器)のゼロ点検出が必要ですが，サーボモータを動かしている間に行えばよいでしょう．サーボモータの位置と測光値とをシリアル・ポートに送ればデータをホスト・コンピュータに記録できます．Excel VBAなどでソフトウェアを書くか，FLASHを使えばその場でグラフ化もできます．今回はCSV形式でホスト・コンピュータに送信・記録し，あとでグラフにしています．

● 波長の校正

　最も簡単にするなら発光波長のわかっている光源を使います．現代は青，緑，赤などの発光ダイオードがそろっていて，それぞれ波長もわかっています．可視

リスト1 Arduinoで作った光スペクトラム分析装置のプログラム

```
#include <Servo.h>

Servo mangle;
int SENSE = 12;
int ZEROADJ = 13;

void setup()
{
 pinMode( SENSE, OUTPUT );
 pinMode( ZEROADJ, OUTPUT );
 digitalWrite( SENSE, LOW );
 digitalWrite( ZEROADJ, HIGH );
 mangle.attach(10);
 Serial.begin(9600);
}

void loop()
{
 int i, j, dark, s;
 for( i = 140; i >= 30; i-- ) {
  digitalWrite( ZEROADJ, HIGH );
//  mangle.write( i );
  mangle.write( i );
  delay( 300 );
  dark = analogRead( 0 ); //read dark level
//  noInterrupts();
  digitalWrite( SENSE, HIGH ); //sampling
  digitalWrite( ZEROADJ, LOW );
//  for( j = 0; j < 10000; j ++ ) { //wait loop
//   digitalRead( 0 );
//  }
  delay( 350 );
  digitalWrite( SENSE, LOW );
  s = analogRead( 0 ); //read sense level
  interrupts();
  Serial.print( i );
  Serial.print( ',' );
  Serial.print( dark );
  Serial.print( ',' );
  Serial.println( s );
 }
// delay( 1000 );
 for( ; ; );
}
```

光ならそれで十分に校正できます．

● 波長ごとの感度校正

　普通，吸光法での測定は水との透過率の比をとるので，水で計測したときのA-D変換値がフルスケールの70～80％となるように感度を調整しておくこと，光が入射していないときのA-D変換値がフルスケールの1％未満であることを確認しておけばよいでしょう．

（初出：「トランジスタ技術」2013年3月号 特集 第11実験ベンチ）

製作 10 — 周波数や波形を設定！ポータブル・プログラマブル・インバータ

単3アルカリ電池6本で24V/0.25A×30分連続運転

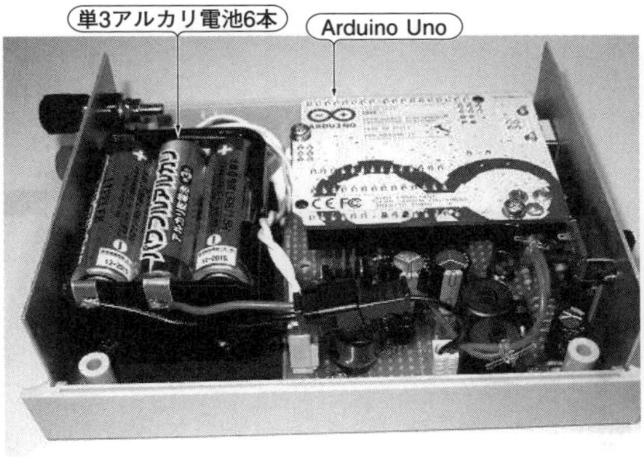

高野 慶一

使用するプログラム Arduino Program10

写真1 Arduinoで作った電池式ポータブル・インバータ

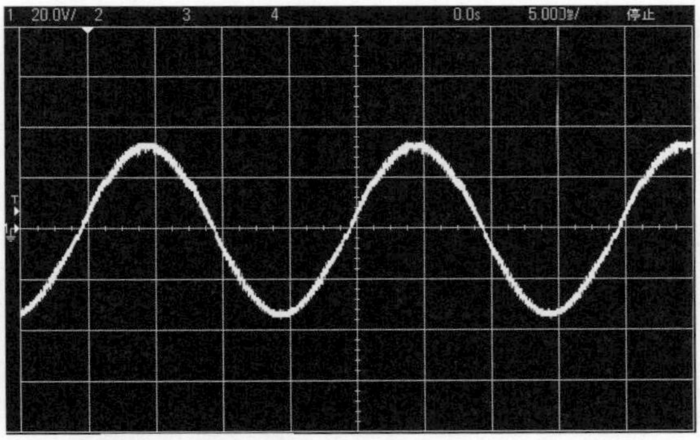

写真2 定格負荷（100Ω）時のテスト出力波形（20 V/div，5 ms/div）

　どこでも使える電池式のポータブル・インバータを製作しました（**写真1**）．**写真2**に100Ω負荷時と無負荷時の出力波形を示します．

　定格はAC24V，0.25 Aです．スケッチを変更することで，**写真3**のような波形も出力できます．電源には単3形アルカリ乾電池（国外製普及品も視野に入れる）を6本使用します．定格での連続動作時間は30分以上を目標としました．

　冷暖房用の送風管の弁を制御するモータ・ダンパではAC24Vがよく使われています．機器の動作確認や定期点検の電源や開閉操作に便利に使えます．

　負荷は，同期モータと簡素なリミット監視回路で構成されたアクチュエータを想定しており，消費電流は100 mA以下です．電源の切り忘れ防止として，作動中はブザーを断続的に鳴らします．

仕様
- 定格：AC24 V / 0.25 A
- 周波数：50 Hz（75 Hz以下で変更可能）
- 正弦波分解能：100/サイクル
- PWM周波数：31.4 kHz
- 電源：単3形アルカリ電池6本
- 過電流検出：2 Aで停止
- ソフトスタート機能
- 製作費：約7,300円

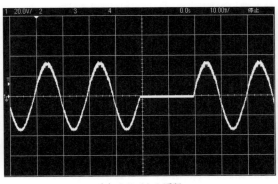

(a) 1サイクル瞬断

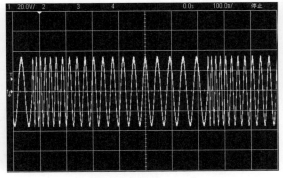

(b) 5～20 Hzスイープ

写真3 スケッチを変えれば正弦波だけでなく任意の波形も出力できる（20 V/div，10 ms/div，100Ω負荷時）

動かしてみる

● 効率を確認

入力を定電圧源8V，正弦波出力を定抵抗100Ω負荷で駆動したときの総合効率は68％程度でした．回路のチューニングはもう少し必要ですが，この段階で国外製アルカリ電池と100Ω負荷での連続動作を行ったところ，持続時間はちょうど30分間でした．

● 同期モータを回す

機器に使われているものと同タイプの同期モータを回してみました（写真4）．出力波形を写真5に示します．定格に比べ負荷が軽く(0.1 A)インダクタンス負荷になるので出力波形はひずみが大きくなっていますが，良好に回転しています

ハードウェア

● 回路

図1に回路を，表1に部品表を示します．

写真4　同期モータの回転テストに使える

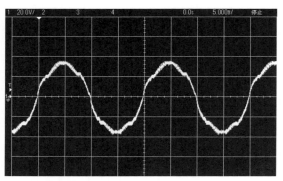

写真5　同期モータを駆動したときの出力波形(20 V/div，5 ms/div)

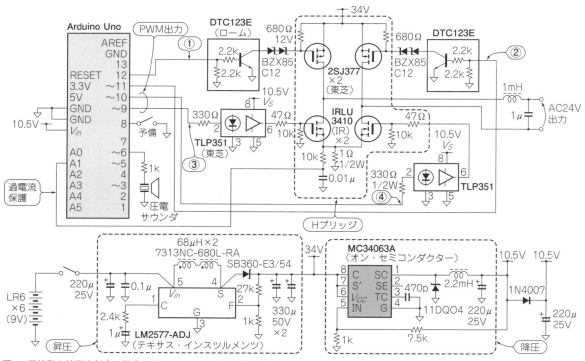

図1　周波数や波形を任意に設定できるArduinoで作るポータブル・インバータの回路

専用ICで電池電圧を昇圧し，極性切り替え式のPWMフルブリッジ回路により正弦波を発生しています．デューティ比は固定です．**写真6**に各部の波形を示します．保護として，シャント抵抗とA-D変換で検出するソフトウェア過電流検知機能も備えました．

電池電圧は高負荷時には電圧低下が激しいので，Arduinoへの供給は電池電圧ではなく，34 Vから降圧したものを使いました．

▶単3形電池6本で駆動

大電流放電では，電池の見かけの容量が大幅に低下します．今回の回路では，定格出力時に入力電流は平均1 A，ピーク電流は2.5 Aにも達します．1 A負荷での容量が0.8 Ahを下回る電池もあります．

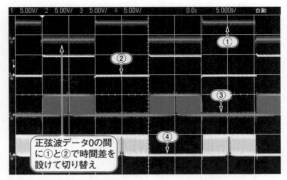

写真6 回路(図1)各部の波形(5 V/div，5 ms/div)

表1 本器の部品表

部　品	型名など	数量	メーカ名
制御ボード	Arduino Uno	1	－
昇圧IC	LM2577-ADJ	1	テキサス・インスツルメンツ
降圧IC	MC34063A	1	オン・セミコンダクター
フォトカプラ	TLP351	2	東芝
トランジスタ	DTC123E	2	ローム
PチャネルMOSFET	2SJ377	2	東芝
NチャネルMOSFET	IRLU3410PBF	2	インターナショナル・レクティファイアー
ショットキー・バリア・ダイオード	SB360-E3/54 (60 V，3 A)	1	Vishay
ショットキー・バリア・ダイオード	11DQ04 (40 V，1 A)	1	Vishay
ツェナー・ダイオード	BZX85C12 (12 V，1 W)	4	－
ダイオード	1N4007		－
コイル	7313NC-680L-RA (68 μH，2.2 A)	2	サガミエレク
コイル	TSL0808RA-222KR17-PF (2.2 mH)	1	TDK
コイル	TSL1315RA-102JR78-PF (1 mH)	1	TDK
電解コンデンサ	330 μF，50 V	2	－
電解コンデンサ	1 μF，50 V	1	－
電解コンデンサ	220 μF，25 V	3	－
メタライズド・フィルム・コンデンサ	1 μF，100 V	1	パナソニック
積層セラミック・コンデンサ	0.1 μF，50 V	2	－
セラミック・コンデンサ	470 pF，50 V	1	－
圧電サウンダ	SPT08-Z185	1	－
炭素皮膜抵抗器	1 Ω，1/2 W	1	－
炭素皮膜抵抗器	47，1/4 W	2	－
炭素皮膜抵抗器	680，1/4 W	2	－
炭素皮膜抵抗器	1 k，1/4 W	3	－
炭素皮膜抵抗器	2.4 k，1/4 W	1	－
炭素皮膜抵抗器	10 k，1/4 W	4	－
炭素皮膜抵抗器	7.5 k，1/4 W	1	－
炭素皮膜抵抗器	27 k，1/4 W	1	－
ケース	SY-110A	1	タカチ
ターミナル	T-375-16 赤・黒	2	サトーパーツ
単三×6，電池ボックス	－	1	－
スライド・スイッチ	－	1	－
ラッピング用ヘッダ・ピン	MDF7B-20P-2.54DSA	1	ヒロセ電機
スペーサ	M3 メスメス，20 mm	2	－
ビス，ワッシャ，ナット	M3用	1	－
ユニバーサル基板	－	1	－

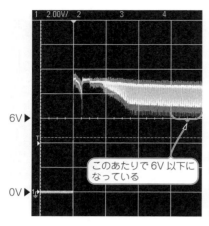

写真7 新品の電池6本で定格放電したときの電池電圧（2 V/div, 500 ms/div）

このあたりで6V以下になっている

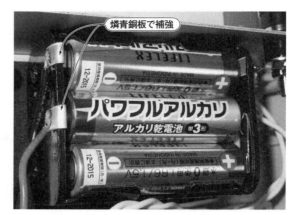

燐青銅板で補強

写真8 電池ホルダの接点を燐青銅板で補強すると電圧降下を小さくできる

新品の電池6本で定格放電したときの出力電圧波形を**写真7**に示します．内部抵抗や電池ホルダの影響により6V以下に下がってしまいます．

巻き線ばねタイプの電池ホルダは，接触抵抗が数Ωにもなってしまいます．燐青銅板で補強すると接触抵抗を小さくできます（**写真8**）．

▶昇圧回路

34Vの昇圧はLM2577-ADJ（テキサス・インスツルメンツ）です．スイッチング周波数は52kHzの固定です．各部品の定数は比較的簡単に算出できます．SMSというDOS上の設計アプリケーションが使えるので，入手容易なコイルで繰り返し設計が可能です．入力電圧パラメータは5〜9Vとしました．

過負荷に対してはスイッチ電流3Aでリミットがかかりますが，ショート時はコイルを通して短絡電流が流れるので，その先の回路でも保護する必要があります．

▶降圧回路

34VからMC34063A（オン・セミコンダクター）で降圧して10.5Vを作成しています．Arduinoとロー・サイド側のゲート・ドライバの電源としました．

▶正弦波発生回路

ブリッジ回路はPch/NchのMOSFETの組み合わせです．ハイ・サイドを極性切り替えとする方式のため，低速でよいのでプルアップ抵抗をオープン・コレクタで引っ張ることにしました．ロー・サイドはTLP351でドライブします．絶縁目的ではありませんが，過電流がマイコンに回り込むことを防止する狙いがあります．電流検出抵抗は1Ωと高いですが，使用電流が低いので短絡保護としての役割を兼ねています．

出力フィルタは，遮断周波数をPWM周波数の1/10の3.1kHzとします．定格負荷（24V/0.25A ≒ 100Ω）から計算すると，コイルは$L = 100Ω/2\pi f ≒ 5$mHですが，手持ちの都合上1mHになりました．コンデンサもそれに合わせて$C = 1/L/(2\pi f)^2$から算出しますが，極性切り替え時に正弦波形が大きくひずんでしまったので，1μFに下げました．

● 製作

Arduinoには2.54mmピッチのSIPソケットが3組あります．3組のうち1組が半ピッチずれているので，蛇の目基板に挿入するためにラッピング用の長いピン・ヘッダを少し曲げて対応しました（**写真9**）．2個所をスペーサでねじ止めすることで，多少はしっかりした固定になります．使用したケースは前後がアルミ・パネルなので，昇圧ICの放熱に利用しました．

製作した基板の外観を**写真10**に示します．

ソフトウェア

次の手順で50Hz正弦波を出力させるプログラムを作成しました．

① 方形波を正負両電位で出力させてみる

動作確認には方形波駆動を試しました．スケッチを**リスト1**に示します．

ピン・ヘッダを少し曲げる

写真9 ピッチのずれたArduinoのコネクタに対応

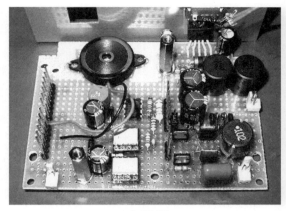

(a) 部品面

(b) 配線面

写真10 製作した基板の外観

リスト1 方形波駆動のプログラム

```
#define    DTH     5000
#define    DTL     5000

void setup() {
    int     i;

    for(i=9;i<13;i++) {
        digitalWrite(i,LOW);    // ALL BLIDGE OUTPUT LOW
        pinMode(i,OUTPUT);
    }
}

void loop() {
    for(;;) {
        digitalWrite(9,HIGH);
        digitalWrite(11,HIGH);
        delayMicroseconds(DTH);
        digitalWrite(9,LOW);
        digitalWrite(11,LOW);
        delayMicroseconds(DTL);
        digitalWrite(10,HIGH);
        digitalWrite(12,HIGH);
        delayMicroseconds(DTH);
        digitalWrite(10,LOW);
        digitalWrite(12,LOW);
        delayMicroseconds(DTL);
    }
}
```

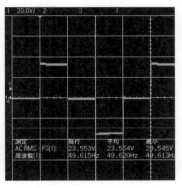

写真11
方形波を出力させてみた(負荷100Ω, 20V/div, 5ms/div)

　正弦波と同じ実効値になるように，デューティ50％の波形で100Ω負荷で各部を確認しました(**写真11**)．波形観測時はPWM用に付加してあるフィルタは波形が暴れるので外してあります．

② PWMで出力させる

▶PWMとタイマと割り込み

　アナログ出力は周期が長すぎるので，高速化を含め割り込みとの関係などを調べました．

　Arduino Unoに使用しているATmega328は三つのタイマを持ち，PWM(アナログ出力)と関数に，**表2**のように関係しています．

　Timer0では高速化すると62.5kHzとなり，この手配線の回路では速すぎて使えません．また，高速化するとシステムの時間管理も変更されることになるので除外しました．

　Timer1かTimer2の約30kHzに絞り，ブザーを鳴らすtone()関数を使いたいので，Timer1のpin9, 10にPWM出力することにしました．Timer1のPWMはフェーズ・コレクトPWMと呼ばれる方式で，PWMの波形が左右均等です．

▶時間の管理はソフトウェア・ループで行う

　全体の時間管理にタイマ割り込みが使えないか検討

表2　ArduinoのタイマとPWMの関係

タイマ	PWM出力	標準の周波数 [Hz]	高速化後の周波数 [kHz]	関連する 関数など	その他
Timer0	pin5, 6	978	62.5	mills()	システム用に常時周期割り込み
Timer1	pin9, 10	490	31.4	—	割り込みライブラリあり
Timer2	pin3, 11	490	31.4	tone()	tone()起動時割り込み，割り込みライブラリあり

リスト2　Arduinoで作るポータブル・インバータのスケッチ

```
#define   PI       3.14159
#define   SNUM     50            // サイン波半サイクル分割数
#define   SNUMH    SNUM/2        // ピーク位置
#define   DLY      177           // 200usディレイ用、波形を観測して調整する
#define   ALMLVL   410           // シャント抵抗電圧2V=2A

int   sdata[SNUM];

void  setup() {
  float   fval;
  int     i;

  digitalWrite(12,LOW);
  digitalWrite(11,LOW);
  pinMode(12,OUTPUT);             // ハイ・サイド1
  pinMode(11,OUTPUT);             // ハイ・サイド2
  pinMode(8,INPUT);               // 予備入力
  digitalWrite(8,HIGH);           // 予備入力プルアップ

  TCCR1B = (TCCR1B & 0xf8) | 0x01;   // Timer1:CLKIO/1 PWM9,10:31.37kHz
  Serial.begin(9600);             // モニタ用
  for(i=0;i<SNUM;i++) {           // 50分割サイン波データ作成
    fval = i*PI/SNUM;
    sdata[i]=(int)(sin(fval)*255);
    Serial.println(sdata[i],DEC); // データ確認
  }
}

void  loop() {
  int    i,j,adata,sl;

  for(j=0,sl=0;;) {
    sl += 4;                      // ソフト・スタート変数計算
    if(sl>127) sl=128;            // 32サイクルで飽和
    if(j==0) {                    // ブザー処理（鳴らしていないときはpin7へ出力）
      noTone(6);
      tone(7,4000);
    }
    else {
      noTone(7);
      tone(6,4000);
    }
    // 正サイクル開始
    analogWrite(10,0);            // ロー・サイド0
    analogWrite(9,0);
    digitalWrite(12,LOW);         // ハイ・サイド1 OFF
    delayMicroseconds(DLY);
    digitalWrite(11,HIGH);        // ハイ・サイド2 ON
    for(i=1;i<SNUM;i++) {
      analogWrite(9,(sdata[i]*sl)>>7);  // サイン波データ出力
      if(i==SNUMH) {              // 波形のピーク?
        adata = analogRead(1);    // 過電流監視
        if(adata>ALMLVL) alarm();
        delayMicroseconds(DLY-110); // A-D変換にも110usかかる
      }
      else {
        delayMicroseconds(DLY);
      }
    }
    // 負サイクル開始
    analogWrite(10,0);            // ロー・サイド0
    analogWrite(9,0);
    digitalWrite(11,LOW);         // ハイ・サイド2 OFF
    delayMicroseconds(DLY);
    digitalWrite(12,HIGH);        // ハイ・サイド1 ON
    for(i=1;i<SNUM;i++) {
      analogWrite(10,(sdata[i]*sl)>>7); // サイン波データ出力
      if(i==SNUMH) {              // 波形のピーク?
        adata = analogRead(1);    // 過電流監視
        if(adata>ALMLVL) alarm();
        delayMicroseconds(DLY-110); // A-D変換にも110usかかる
      }
      else {
        delayMicroseconds(DLY);
      }
    }
    if(++j>50) j=0;
  }
}

// 過電流検出
void  alarm(void)
{
  digitalWrite(11,LOW);
  digitalWrite(12,LOW);
  analogWrite(10,0);
  analogWrite(9,0);
  noTone(6);
  for(;;) {                       // 電源OFFまでブザー鳴動
    tone(7,4000,500);
    delay(500);
    delay(500);
  }
}
```

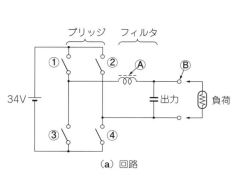

(a) 回路

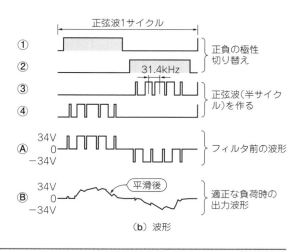

(b) 波形

図2　極性切り替え式PWMサイン波発生のしくみ

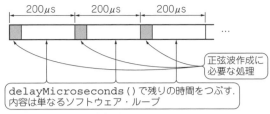

(a) 基本処理サイクル

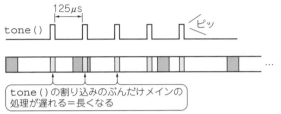

(b) tone()関数で割り込み処理(4kHzで鳴らしているので125μsに1回割り込みが入る)

図3　tone()関数の影響

しました．その結果，Timer0はシステムで常時割り込みに使っており，Timer2はtone()関数で使用するので除外しました．ソフトウェア・ループの考え方で，方形波駆動と同様にdelayMicroseconds()を主体としました．

この関数は16384μs以下の設定精度を保証していないので，実測しながら調整します．作成したスケッチをリスト2に示します．

③ 正弦波を出力させる

▶正弦波PWMを構成する

初期化時にsin()関数で半サイクル50分割のPWMデータを計算し，配列に格納します．本機はピーク電圧が昇圧電圧に近いので最大値は255にしました．この正弦波データを200μsごとにanalogWrite()関数でPWM出力します．

図2のように，半サイクルごとに，先頭データ0の間に上下のブリッジが同時ONしない時間差でpin11，pin12を操作して極性を切り替えるため「極性切り替え方式」です．この方式による正弦波発生は制御が簡単ですが，一般的には切り替え時にひずむといわれています．

▶PWMの高速化

pin9，pin10の490HzのPWM出力を31.4kHzへ高速化するには標準使用方法から外れますが，使われているAVRのレジスタを操作しました．Timer1のプリスケーラを1/64から1/1へ変更します．その操作は，

```
TCCR1B =(TCCR1B & 0xf8)|0x01;
```

の1行をスケッチの初期化部に挿入します．その結果，

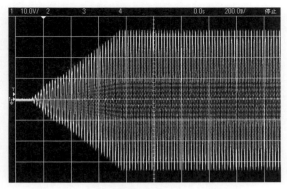

写真12　ソフトスタート波形(10 V/div, 200 ms/div)

周波数は31.37 kHz(=16 MHz/255/2)となります．

Timer1は今回の応用では他に使われていないので，影響はありません．

④ 保護動作と微調整

▶過電流保護は半サイクルに1回

シャント抵抗電圧をA-D変換してブリッジ電流を監視します．値は2Aです．

1Ω×2A=2V，読み取り値は1023/5×2=410となります．常時監視したいところですが，A-D変換も実測で110μsかかるポーリング動作なので，今回は半サイクルに1回にしました．そのタイミングは，ノイズの影響を避ける狙いで最大値255をPWM出力している間(波形のピーク；スイッチングしていない)にしました．

コンデンサ入力型の負荷をつなぐような場合，ピークのタイミングでは不利かもしれません．

▶電源切り忘れを防ぐブザー音を鳴らす

電源切り忘れ防止として，動作中は1秒間隔で「ピッ」とブザーを鳴らします．tone()関数という便利なものがあるので実装しましたが，バックグラウンドでTimer2割り込みで動作するので，鳴らしている間に割り込まれたソフトウェアのループが長くなり，正弦波周期がわずかに伸びます．

そこで，対策としてブザーを鳴らしていない間にも，未使用ポートにtone()を出力して全時間を均等に長くしました(図3)．

▶ソフトスタート

電源投入時に負荷が接続してある場合やショートしているための対策として，ソフトスタートを付加しました(写真12)．はじめの32サイクルは，正弦波データに徐々に大きくなる変数を掛けています．

▶調整

遅延関数の誤差のほかに，ソフトスタートのための掛け算やtone()の設定など，CPUの処理時間が含まれます．

最後に遅延関数delayMicroseconds()の値を調整します．すべてソフトウェアによるものなので，1周期で見れば正弦波形のひずみに影響しますが，波形で見る限り目立った影響はないようです（**写真2**）．また，連続的に見れば，平均周波数49.94 Hz，偏差0.05 Hzと比較的良好です．

機能をアレンジする

すべてプログラムで制御しているので，周波数の変更や波形の操作は簡単です．

● 周波数の変更

マクロで定義してあるDLYを変更することで変更できます．この値を145にすると60 Hzになるので，予備スイッチ入力で50/60 Hzの切り替えが実現できます．また，次のようにマクロ定義を変数に変更して，任意に変化させることもできます．

```
現在     #define DLY 177
変更後   int DLY=177;
```

A-D変換で110（μs）を引くサイクルがあるため，DLYの範囲は111以上が必要です．このときの周波数は75 Hz，上限はなく整数の範囲32767までは可能です．300では30 Hzでした．予備のアナログ入力でポテンショメータの読み値を加工してDLYにセットすれば，周波数可変インバータとなります．

● 波形の操作

正弦波形は，スケッチ内でsin()関数でデータ・テーブルを作成しており，任意の関数に変更すれば任意の交流波形となります．次の例は三角波を出力する例です．

```
for(i=0;i<SNUM;i++) {
  if(i<=SNUMH) sdata[i]=i*10;
  else sdata[i]=250-(i-SNUMH)*10;
}
```

そのほか，予備入力をトリガとしてメイン・ループで一定時間出力を停止すれば，瞬断のシミュレーションが行えます．

(初出：「トランジスタ技術」2013年3月号 特集 第12実験ベンチ)

瞬断波形やスイープ波形を作るスケッチ・プログラム Column

写真3に示した1サイクル瞬断と5～20Hzスイープを作るスケッチ・プログラムを紹介します．**リスト2**を少し修正するだけです．

リストA 瞬断波形作成スケッチ（リスト2からの変更点）

```
    :
void loop() {
  int i,j,adata,sl;
  int sflag;          // スイッチ・フラグ0:OFF, 1:1周期の間ON,
                                        2:ONさらに継続
  sflag = 0;
    :
  digitalWrite(11,HIGH);   // ハイサイド2 ON
  if(sflag==0) {
    if(digitalRead(8)==0) sflag=1;
  }
  for(i=1;i<SNUM;i++) {
    if(sflag==1) analogWrite(9,0); else analogWrite
    (9,(sdata[i]*sl)>>7);   // サイン波データ出力
    :
  for(i=1;i<SNUM;i++) {
    if(sflag==1) analogWrite(10,0); else analogWrite
    (10,(sdata[i]*sl)>>7);   // サイン波データ出力
    :
  }
  if((sflag==1) && (digitalRead(8)==0)) sflag = 2;
  if((sflag==2) && (digitalRead(8)!=0)) sflag = 0;
  if(++j>50) j=0;
```

1サイクル瞬断波形は，あらかじめ用意してあるポート8予備入力にスイッチを接続し，GNDとショートさせて1周期分瞬断します．スイッチを押したままにすると，いったんオフするまでロックするのでsflagという状態変数を設けています（**リストA**）．

スイープ波形は，周波数を決めるDLYという定数を整数型の変数として定義し，110～500の間で1周期ごとに+20をして繰り返します（**リストB**）．

〈高野 慶一〉

リストB スイープ波形作成スケッチ（リスト2からの変更点）

```
    :
#define ALMLVL 410
int DLY = 177;           // 200usディレイ用
int sdata[SNUM];
    :
void loop() {
  int i,j,adata,sl;
  DLY=111;
    :
    if(++j>50) j=0;
    DLY+=20;             // 1周期ごとにディレイ変数を増やす
    if(DLY>500) DLY=111; // ある程度低くなったら戻す
    :
```

■：追加，■：変更を示す

製作 11 　1 M～100 MHz，1 MHz ステップの周波数特性測定器

無線回路の反射特性や通過特性を調べられる

使用するプログラム　Arduino Program11

志田 晟

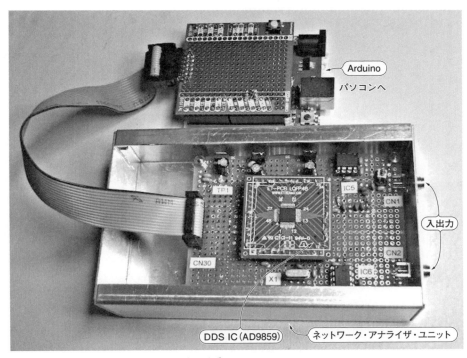

写真1　Arduinoで作るネットワーク・アナライザ

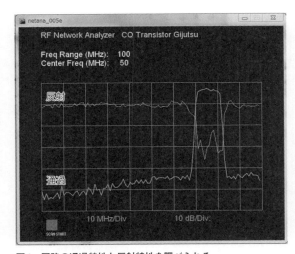

図1　回路の通過特性と反射特性を調べられる
取得できるデータは図5のようにテキストの状態．描画用ソフトウェアProcessingを使ってグラフ表示をさせることも可能

　高周波回路の周波数特性を測れるネットワーク・アナライザをArduinoで作ってみました（**写真1**）．入出力インピーダンスは50 Ωで，被測定回路は高周波向けの50 Ω入出力を対象とします．

　このネットワーク・アナライザは振幅だけを見る簡易ネットワーク・アナライザです．位相情報までを見るベクトル・ネットワーク・アナライザではないため，スミス・チャートは表示できません．

　高周波ではインピーダンスが整合されていないと，信号の一部が反射して，波形がひずんだり，思ったような特性が出なかったりします．高周波での周波数特性では，反射特性も通過特性同様に重要です．

　今回製作したネットワーク・アナライザでは，外部に接続する被測定回路の通過特性と反射特性を見ることができます．**図1**に測定結果を示します．

　簡易構成のため，ダイナミック・レンジは約40 dB，出力レベルの補正も手動で行います．

全体構成　101

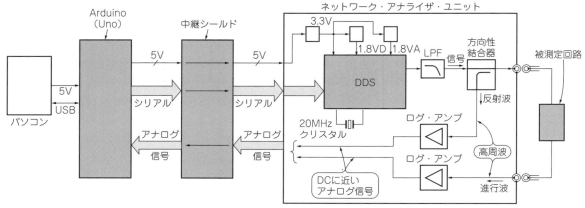

図2 製作したArduinoネットワーク・アナライザのブロック図
Arduinoに高周波を扱う回路を外付けする

仕様
- 測定対象：振幅のみ（位相は不可）
- 周波数帯域：1 M〜100 MHz（水晶，LPF変更により150 MHzまで拡張可）
- 周波数ステップ：1 MHz（プログラム変更により1 Hzステップで設定可）
- 通過測定ダイナミック・レンジ：40 dB
- リターン・ロス測定ダイナミック・レンジ：20 dB
- 製作費：約9,500円

応用例
- 100 MHz以下のISM周波数を使う機器（13 MHz高周波加熱器など）やアマチュア無線回路の周波数特性を確認

全体構成

図2に示すのは，全体の構成を示すブロック図です．高周波信号発生部および高周波信号検出部からなる高周波回路ブロックと，それらをコントロールするArduinoから構成されています．

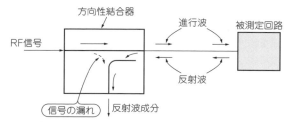

図3 反射特性を測るキー・パーツ「方向性結合器」の動作
反射特性の測定範囲はこの方向性結合器の性能で決まる

● キーパーツ1：DDS

高周波の発生にはDDS（ダイレクト・ディジタル・シンセシス）IC AD9859[1]を使っています．このデバイスは周波数設定が比較的容易でArduinoでも制御しやすく，最大400 MHz（仕様上）のクロックで動作させられて，低周波から100 MHzを超える範囲の周波数を出力できます．

高周波信号はログ・アンプでDCレベルに変換され，ArduinoのA-D変換機能でディジタル化しています．

● キーパーツ2：方向性結合器

被測定回路からの反射特性を測るキー・デバイスには方向性結合器を使っています．方向性結合器は，図3のように信号源から被測定回路に進む回路の途中に挿入し，被測定回路から反射されてくる信号を取り出す機能があります．一部，進行成分も反射成分検出ポートに漏れて出力されるため，区別できるのは方向性結合器の方向性（Directivity）と呼ばれる性能によって決まります．今回のデバイスは20 dB程度です[3]．

● キーパーツ3：ログ・アンプ

信号検出に広帯域ログ・アンプを使い，基板も汎用基板でまとめた簡易構成なので，ダイナミック・レンジ（実際に測定できる通過特性の範囲）はうまく作っても40 dB程度です．グラウンド面を広く取った専用基板を起こせばダイナミック・レンジは広がりますが，使ったDDSの性能の制約から最大60 dB程度です．

使い方

● パソコンにつないで5秒たってから動作を開始する

CN_1とCN_2にSMAコネクタの付いた50Ω同軸ケーブルを使って被測定回路をつなぎます．ケーブルはあ

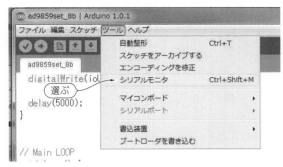

図4 Arduino IDEでシリアルモニタを呼び出す

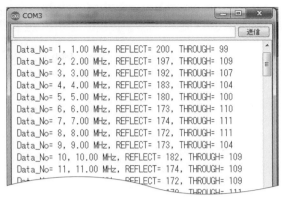

図5 測定データが送られてくるのでメモ帳にいったんコピーした後Excelに張り付けて使う

まり長くない方がケーブルによる損失や共振の影響が出にくいのでよいでしょう．

パソコンに接続したUSBの電源でArduinoおよびDDS回路を動作させている場合，USBコネクタを挿してから実際にDDSが出力を始めるまで数秒かかります．したがってプログラムでは，最初のセットアップの後，約5秒待ってから周波数設定のループ動作を始めるようにしています．いったんDDSが動作を始めると周波数変更などは高速に行われます．

今回は動作をわかりやすくするため，周波数範囲（1 M～100 MHz），測定点数（100点）などは固定としています．またゲイン範囲（Y軸）も固定としています．プログラムを変更すれば周波数範囲，測定点数などを変えられるようになります．

● シリアルモニタに出力され続けるデータをコピーしてExcelなどでグラフ化する

Arduinoスタート後，ArduinoのIDE画面の［ツール］-［シリアルモニタ］でシリアルモニタを表示させます．図4はシリアルモニタを表示させる呼び出し方を示しています．

図5はシリアルモニタに表示された測定結果の一部です．100点の測定データを繰り返して表示しているので，必要な範囲をマウスで選択してコピー＆ペーストでExcelに張り付けます．Excel上で補正や換算などを行いグラフとして表示することで，周波数応答をグラフ化できます．

パソコンとArduinoの通信がうまくいかないこともあります．「COMポートが見つからない」などのエラーが出る場合は，USBケーブルをいったんつなぎ直してArduino IDEモニタから再送してみてください．それでもデータ・セットがうまくいかない場合は，Arduino関連の書籍を参照してください．

電源をショートさせると，パソコンがUSB通信を強制切断することがあります．パソコンによっては再起動が必要です．

● 通過特性の測定

CN_1とCN_2の間を50Ω同軸ケーブルと同軸メス-メス・コネクタを直接つなぎます（ショート）．この状態での通過測定データを（Excelに）取り込みます．これが基準（0 dB）となります．

次に20 dBアッテネータ（作り方は後述）をCN_1とCN_2の間に同じ2本のケーブルを使って接続します．20 dBを入れた時の値と，ショート時の各測定周波数点での差が正しい−20 dBです．市販の20 dBアッテネータを使うと精度が得られますが，自作のアッテネータでもそれなりの校正になります．次に，被測定回路をつないで測定します．この測定値と0 dB基準値との差を「正しい」−20 dBの値の比から補正して，測定値が得られます．

● リターン・ロスの測定

リターン・ロスは，CN_1がオープンの時に比べて，被測定回路をつないだときにどれだけパワーが吸収されているかを示す値です．被測定回路から反射がほとんどないときは，リターン・ロスは非常に大きくなり，回路に高周波パワーがほとんど吸収された理想に近い動作をしています．50Ω系の回路では回路入力インピーダンスが50Ωに近いほど反射が少なくリターン・ロスは大きくなります．

リターン・ロス（あるいは反射量）を測る場合は，まずCN_1にケーブルをつながずにオープンにして測定してExcelに取り込みます（基準その1）．次に，CN_1に−20 dB基準（製作法は後述）をつないで測定してデータをExcelに取り込みます（基準その2）．できれば市販のネットワーク・アナライザなどで測って−20 dBになるように抵抗を追加するなどして合わせ込んでおくと，測定精度が上がります．

そしてCN_1に被測定回路をつないで測定します．−20 dB基準の値との比から，被測定回路のリター

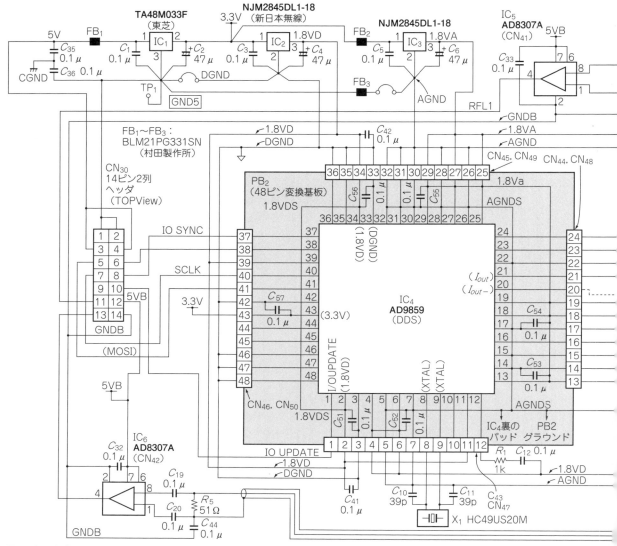

図6 高周波ブロックの回路図

ン・ロス(オープン時に比べてどれだけ被測定回路にパワーが吸収されているか)をdBで求めることができます．−20 dB以外の値は直線的に(1次関数で)補正します．ただし，この簡易ネットワーク・アナライザでは不要信号などのため，20 dB以上のリターン・ロス値は精度が出ていません．通常の高周波回路ではリターン・ロスは20 dB以上あればOKなので，20 dB程度までのリターン・ロスがそれなりに測定できれば実用になります．

組み立て

● 回路と主要部品

　図6は高周波部分の回路図，図7はArduinoとシールド(Arduinoに直接挿し込む追加回路)部の回路図です．

　図6のCN₁，CN₂は同軸コネクタ(SMA−J)です．CN₁につながるCL₁は，被測定回路からの反射成分を取り出す方向性結合器で，TCD−20−4＋(ミニサーキット)を使っています．IC₅，IC₆は高周波信号レベル検出デバイスで，DC〜500 MHz帯域のログ・アンプAD8307[4]を使っています．このログ・アンプの出力(直流電圧)をArduinoのアナログ入力で取り込んでいます．

　高周波回路部分のベースとなる基板(PB₁)は2.54 mmピッチの汎用基板を使っています．SMA−J(基板用)コネクタで中心導体とグラウンド・ピンの間に基板を挟み込んで，汎用基板のランドにはんだ付け

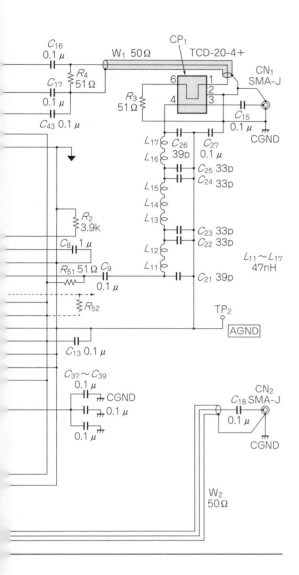
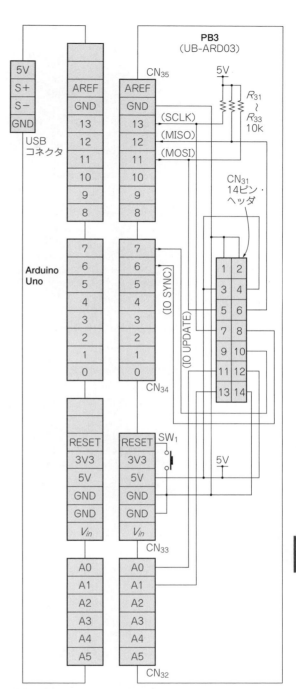

図7 高周波ブロックへの配線を取り出す中継シールドPB3の回路図

しました.

　Arduinoとベース基板PB_1との間は14ピン・フラット・ケーブルで接続しています.DDS IC(IC_4)は変換基板PB_2に取り付け,変換基板裏面のグラウンド面へのはんだ付け(後述)を行った後,ベース基板にソケットで取り付けています.DDSチップ周りの配線は手直しなどの際手間が大変となるので,ここではソケットで取り外しできるようにしました.

　図6の回路全体の配線は多いので,はんだ付け配線の回路工作に経験があった方がよいでしょう.配線1本1本について回路図と同じになっているか確認しながら作業を進めてください.

　DDS ICの出力ピンは1.8Vアナログ電源との間に51Ωをつないで出力電圧を取り出します.出力ピンとグラウンド間に抵抗をつなぐとICが破損します.なお出力ピンは電流の方向が反対となる2本のペアがありますが,今回は安価に仕上げるため一方の出力ピンだけを使っています.バラン(差動信号から対グラウンド信号へ,あるいはその逆の変換を行う高周波用トランス)を使って両方のピンの差を出力すると,振

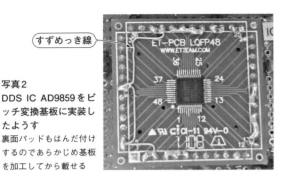

写真2
DDS IC AD9859をピッチ変換基板に実装したようす
裏面パッドもはんだ付けするのであらかじめ基板を加工してから載せる

写真3
連結ピンを少し隙間を空けてはんだ付けする

写真4
GNDの端子は連結ピンの隙間から基板裏面べたグラウンドにつなぐ

写真5
AD9859の裏面にあるパッド
グラウンドにしっかり接続しないと性能が出ない

写真6
あらかじめAD9859の載る場所に穴をあけておく

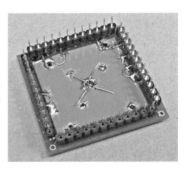

写真7
AD9859の裏面パッドから基板裏面べたグラウンドにつなぐはんだ付け個所のレジスタをカッターナイフで削る

幅が大きくとれるだけでなく，コモン・モード・ノイズも減らすことができて，出力のS/Nがよくなります．

● DDS ICのはんだ付け

　AD9859は0.5 mmピッチ48ピンのICで，内部クロック400 MHzという超高速で動作します．専用パターンを起こした基板を使いたいところですが，今回は安価に抑えるため変換基板を使用しました．**写真2**は48ピン0.5 mmピッチから2.45 mmピッチへの変換基板ET-PCB-LQFP48にAD9859をはんだ付けしたようすです．0.5 mmピッチのデバイスのはんだ付けは，トランジスタ技術誌のウェブ・ページ(http://toragi.cqpub.co.jp/tabid/533/Default.aspx)に掲載されている動画が参考になります．この変換基板はパターン面の裏側がべたアースとなっているので，このグラウンド面を高周波チップの高周波アナログ・グラウンドとして活用しています．数百MHzの高周波回路は，ある程度の面積のあるグラウンド面上に回路をまとめることで，安定な動作をさせられます．べたパターンにAD9859のアナログ・グラウンドをはんだ付けしています．

　今回は変換基板をユニバーサル基板から抜き差しできるようにするので，丸ピン連結コネクタ(CN_{47}～CN_{55})を変換基板から2 mm程度浮かしてはんだ付けし(**写真3**)，コネクタ絶縁材との隙間でピンと変換基板のグラウンド間をスズめっき線(部品リードの余りでもよい)ではんだ付けしました．接続したようすを**写真4**に示します．AD9859の裏側にあるパッド(**写真5**)はアナログ・グラウンドに接続する必要があります．AD9859を変換基板に取り付ける前に基板中央にドリルで穴(～3 mm)を空けておき(**写真6**)，すずめっき線を使って基板裏のべたアースに接続しました(**写真7**)．

　AD9859のディジタル・グラウンドとアナログ・グラウンドはデバイスから離れたところでつなぐようにデータシートで指示されています[1]．ディジタル・グラウンドは変換基板のべたグラウンドには直接接続

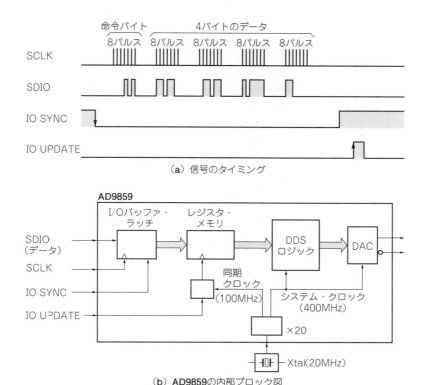

図8 AD9859のシリアル通信はIOSYNCとIOUPDATEの制御も必要

せず，3.3V電源ICのグラウンド点でアナログ・グラウンドと接続しています（図6参照）．変換基板部でのディジタル・グラウンドを補強するため，変換基板の部品面側でディジタル・グラウンドをすずめっき線で接続しています（写真2の左側）．

● 電源やシリアル通信の配線

Arduinoの3.3Vは電流に余裕がないので，ここから電源をとることはしません．5Vから3.3Vを電源ICで作り（図6のIC$_1$），この3.3VからAD9859で必要な1.8Vディジタル電源（IC$_2$）および1.8Vアナログ電源（IC$_3$）を作っています．ディジタル電源とアナログ電源のグラウンドは回路図で示したように3.3V ICのグラウンド・ピンから分離しています．

AD9859はArduinoからシリアル（SPI）で設定します．AD9859は内部1.8Vで動作します．5V動作のArduinoからレベル変換ICなしで接続するために，AD9859のDVDD_I/Oピン（43ピン）を3.3Vに接続します．この接続を忘れるとデバイスが破損します．今回，AD9859からの読み出しは行わないので，AD9859のSPI出力（MISO = Master In Slave Out），38ピンは接続していません．もし読み出しを行う場合，38ピンをArduinoのMISOピン（Unoではディジタル12ピン）につなぎます．

AD9859のシリアル通信は，通常のSPIの信号以外にIOSYNCとIOUPDATEの信号を図8のタイミングで送る必要があります．今回はSPI通信のデバイスがDDS IC一つだけなので，チップ・セレクトは0Vに固定します．複数のAD9859を使用する場合，一連のデータ設定後，IOUPDATEを共通に送ることで，同時に複数のAD9859を設定できます．AD9859のほかのピンの接続は図6の回路図を参照してください．ピン接続に疑問がある場合はメーカのデータシート[1]に従ってください．データの内容についてはプログラムの説明の項で記します．

● 出力フィルタ

AD9859などのDDS出力は，クロック周波数でデータ更新される超高速D-Aコンバータです．正弦波形をディジタル的に合成しているため，多くの高調波成分やそれらが掛け合わさった周波数成分が出力にそのまま出ています．

図9は高調波成分の分布をスペクトラム・アナライザで測定した結果です．DDSのメイン出力（この場合125MHz）とクロック周波数400MHz以外に，275MHzのところに強い信号が出ています．これはDDS特有の成分で，クロック周波数をf_{clk}，出力周波数をf_0とすると，$f_{clk} - f_0$の位置に現れます．

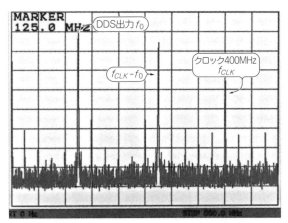

図9 DDS IC AD9859の出力には欲しい信号以外の成分も含まれる

写真8 高周波性能を安定化する①…金属製の支柱との間に入れたワッシャとグラウンドをはんだ付け

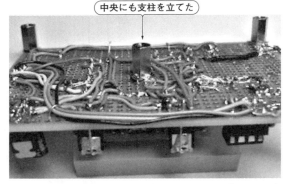

写真9 高周波性能を安定化する②…基板中央にもグラウンド強化のために支柱を取り付けた

　今回のレベル検出回路のように広帯域の信号をそのまま入力するログ・アンプなどと組み合わせて使うには，このように多くの周波数成分が含まれていると誤差が大きくなるので，必要な周波数だけを通過させるフィルタを出力に付ける必要があります．

　図6の回路では100 MHz以上を減衰させるローパス・フィルタを出力に挿入しています．このフィルタは手に入りやすい値の部品で構成してあり，計算から求まる理想的な値と少し異なっていますが，簡易ネットワーク・アナライザとして許容できる性能でしょう．フィルタの減衰性能を大きくできれば，クロック周波数の1/3程度まで出力しても不要成分を十分減衰できますが，今回は高周波的なグラウンドの弱いユニバーサル基板上に簡易的に構成しているフィルタのため，使用周波数の上限はクロック（400 MHz）の1/4の100 MHzとしました．

● 金属製のケースに入れて使う

　図6の回路図でCGNDとして他のグラウンドと分けて示しているのはケース・グラウンドです．金属製ケースへの接続を意味しています．

　金属製ケースなしでも一応動作させることはできますが，高周波性能が不安定になりがちです．特に今回のベース基板はべたグラウンドのないユニバーサル基板なので，データ・セットの動作が不安定になりがちです．高周波回路の特性を測る回路なので，金属製ケースをケース・グラウンドにすることで，本回路自体の高周波性能を安定にさせることが望めます．

　金属製ケースがない状態では，本回路に接続する被測定回路と本回路との間で空間を通して結合が起きる場合があります．金属製ケースに収めると，高周波シールド効果（金属内に高周波信号はそのまま侵入できない）により，外部に接続する被測定回路と本回路間の干渉を防ぐことができます．

　金属製ケースとCGND間の接続は極力短く太くする必要があります．今回は金属製の支柱を用い，支柱を基板に接続する穴の部分にワッシャを挟み，ワッシャにCGNDとつながるめっき銅線をはんだ付けすることで対応しました（写真8）．

　さらにDDS IC部のアナログ・グラウンドを安定にするために，IC4取り付けソケットの中心にも金属支柱を立て（写真9），これに挟み込んだワッシャにチップ・コンデンサを経由してAGNDを接続（はんだ付け）しています．

出力補正と外部アッテネータ

● ログ・アンプ出力を補正

　ArduinoのA-Dコンバータを使って，ログ・アンプが出力するDC電圧（RFレベル）を取り込みます．

　ログ・アンプは，高周波信号が入力されると信号のレベルに応じて対数表示でDC電圧で出力してくれるデバイスです．ただし，帯域が広いので，不要信号が

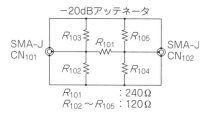

図10 通過特性測定校正用 −20 dB アッテネータ

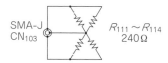

図11 リターン・ロス測定校正用 −20 dB 基準

写真10 自作した −20 dB アッテネータ(左, 図9)とリターン・ロス校正用 −20 dB 基準(右, 図11)

混入していると測定値が正しく出なくなります．上記のローパス・フィルタでDDS出力に含まれる100 MHz以上の成分を落としていますが，グラウンドが弱いなどの理由によりDDS出力と不要信号の差は40 dBがやっとのようです．精度を確保したい場合は，ベタの高周波グラウンドが確保された専用基板を起こしてください．

一般のネットワーク・アナライザでは出力レベルの周波数による変化を補正しますが，今回の回路は安価に最低限の機能を実現させるため，特に補正はしていません．そのため，使い方で示したように，基準(入出力直結の0 dBなど)を自分で測定しておいて，その基準をもとに補正すると精度の良い測定ができます．

反射成分の校正はCN₁出力をオープンにして測定し，実回路での測定値に対して補正します．プログラムでは補正なしの生のデータとあらかじめ標準的な補正値で補正した結果を出力しています．

● 20 dBアッテネータの作り方

アンプなどゲインがあるものの通過特性を見るときは，アンプの前に20 dBなどのアッテネータを入れることで対応できます(図10)．使い方で解説したように，この20 dBアッテネータは通過特性を測定するときの基準としても使います．写真10は自作した20 dBアッテネータです．SMA-Jコネクタの一方の中心導体ピンを1 mm程度やすりで削り，中心導体ピン間の隙間に抵抗(図10のR₁₀₁)をはんだ付けし，他の抵抗はコネクタ中心導体ピンとグラウンド側の間にはんだ付けして作成しています．およそ数百MHz程度までの範囲で使えます．

アッテネータを使って測定した場合は，測定値にアッテネータ分(20 dB)を加算します．数W以上出るアンプは本回路の破損につながるので，アッテネータを付けたとしても接続しないようにしましょう．

図11はリターン・ロス測定用の −20 dB基準を自作する場合の回路図です．SMA-J(基板用)に240Ω4個をはんだ付けして作成しています．1個の抵抗をコネクタの中心導体とグラウンド間にはんだ付けするより周波数特性がよくなります．4個のチップ抵抗は中心導体の方向に垂直の面内で等間隔に(90°間隔で)付けるようにすると，1 GHz程度まで周波数特性が延びます．

プログラム

AD9859の周波数は2進32ビット・データ(f_{data})で設定します．水晶振動子の周波数をf_{xtal}, AD9859内部での逓倍数をNとすると，出力周波数f_{out}は次の式(1)で表されます．

$$f_{out} = N\, f_{xtal}(f_{data}/2^{32}) \quad\quad\quad (1)$$

forループで測定周波数をインクリメントさせています．プログラム(リスト1)では1 MHzステップで測定点は100点として1 MHzから100 MHzまで出力させています．2進数で周波数設定を行うので，ステップの1 MHzは −0.02 Hz，100 MHzでは −2 Hz程度ずれがあります(水晶振動子の周波数ずれが0として)．周波数精度の向上には，水晶振動子による発振回路周りとプログラムの変更が必要です．

ArduinoからAD9859への周波数などの設定はシリアル通信(SPI)で行っています．測定周波数は2進32ビット・データから8ビットずつシフトさせて4バイトのデータに分け，SPI通信でAD9859に設定します．

リスト1　ネットワーク・アナライザ用のスケッチ

```
/*
AD9859 DDS Sweep setting through Arduino SPI Serial Interface
created by Akira Shida 12.2012
DDS Device: AD9859
  Vcc=1.8V (AVDD, DVDD), Logic I/O=3.3V (43pin=3.3V)
SPI pin      Arduino pin
MOSI:        pin 11
MISO:        pin 12  //このプログラムでは未使用
SCK:         pin 13
IOSYNC:      pin 7  //AD9859のシリアルI/Oをスタート
IOUPdate:    pin 6
//シリアルI/Oにラッチされたシリアル・データをAD9859内部メモリに転送
*/

//SPIライブラリのインクルード
#include <SPI.h>

//AD9859 command register address:
const byte freqCommand = 0x04;    //AD9859 Frequency set command
const byte vcoCommand = 0x01;     //AD9859 VCO etc command
const byte syncCommand = 0x00;    //AD9859 Sync etc command

//SPIライブラリで自動設定されないシリアル制御ピンの設定
  //ほかのシリアル・ピンはSPIライブラリで自動設定
  const int ioSync = 7;       //IOSYNC用ピン
  const int ioUpdate = 6;     //IOUPDATE用ピン

//Arduinoアナログ信号読み込みピン・アサイン
  int rfLevelpin1=0;
  int rfLevelpin2=1;

//周波数掃引関係変数，データ設定
  byte freqSweep=0;
  byte freqdata1=0;        //32ビット周波数データの下位8ビット
  byte freqdata2=0;        //32ビット周波数データ下位から2バイト目の8ビット
  byte freqdata3=0;        //32ビット周波数データ下位から3バイト目の8ビット
  byte freqdata4=0;        //32ビット周波数データ下位から4バイト目の8ビット
  unsigned long freqdatalng=0;       //32ビット周波数データ
  unsigned long freqstartlng=0;      //32ビット・スタート周波数
  unsigned long freqdatasteplng=0;   //32ビット周波数ステップ
  float freqdatadisp;                //シリアルモニタ表示用周波数データ

//VCO設定
  byte vcom20hf = 0xA4;   //VCO倍数=20，VCOレンジ=250M-4000M w/20M_Xtal

//セットアップ
void setup() {

  //シリアルの開始とレートを9600にセット
  Serial.begin(9600);

  //SPIライブラリの起動:
  SPI.begin();

  // 周波数データ初期設定
  freqstartlng=0x00000000;        //掃引開始周波数
  freqdatasteplng=0x0051EB85;     //掃引ステップ周波数
  freqdatasteplng=0x00A3D70B;     //掃引ステップ周波数

  //シリアル・ピン出力モードの初期セット:
  pinMode(ioSync, OUTPUT);
  pinMode(ioUpdate, OUTPUT);

  //AD9859初期セット
  digitalWrite(ioSync, HIGH);
  digitalWrite(ioUpdate, LOW);

  write4b(0x00, 0x00, 0x00, 0x00, 0x02, ioSync);
                              //Syncほか4バイト・データ書き込み
  write3b(0x01, 0x00, 0x00, vcom20hf, ioSync);
                              //VCOほか3バイト・データ書き込み

  digitalWrite(ioUpdate, HIGH);
  digitalWrite(ioUpdate, LOW);

  Serial.println("");

  delay(5000);   //初期ディレイ5秒
}

//Main LOOP
void loop() {

  for(int i=1; i<101; i++){

  //周波数データ・インクリメント
   freqdatalng=2*(freqstartlng+freqdatasteplng*i);
   freqdatalng=freqstartlng+(freqdatasteplng*i);

  //32ビット・データを四つのバイト・データに分割
    freqdata1=freqdatalng;          //下位8ビットをfreqdata1へ
    freqdata2=(freqdatalng)>>8;
                            //8ビット・シフトした下位8ビットをfreqdata2へ
    freqdata3=(freqdatalng)>>16;
                            //16ビット・シフトした下位8ビットをfreqdata3へ
    freqdata4=(freqdatalng)>>24;
                            //24ビット・シフトした下位8ビットをfreqdata4へ

  //AD9859のIOレジスタにSPI経由で周波数データ4バイトを書き込み
    write4b(freqCommand, freqdata4, freqdata3, freqdata2,
freqdata1, ioSync);

  //AD9859のIOレジスタから内部ロジックへデータ書き込み
    digitalWrite(ioUpdate, HIGH);
    digitalWrite(ioUpdate, LOW);

    freqdatadisp=freqdatalng/freqdatasteplng;

  //シリアルモニタに出力
    Serial.print("Data_No=");
    Serial.print(i);
    Serial.print(",");
    Serial.print(freqdatalng*0.0000001863*0.5);
    Serial.print(freqdatadisp);
    Serial.print("MHz, REFLECT=");
    Serial.print(analogRead(rfLevelpin1));   //反射レベル読み込み
    Serial.print(", THROUGH=");
    Serial.println(analogRead(rfLevelpin2)); //通過レベル読み込み
    delay(100);

  }
  freqdatalng=freqstartlng;
  delay(1);
}

//AD9859 4バイト・データ・レジスタ書き込み:
void write4b(byte comandRegister, byte data4, byte data3, byte
data2, byte data1, int selectPin){

  //AD9859シリアル送信シーケンス開始
  digitalWrite(selectPin, LOW);

  //SPIデータ転送
  SPI.transfer(comandRegister);
  SPI.transfer(data4);
  SPI.transfer(data3);
  SPI.transfer(data2);
  SPI.transfer(data1);

  //AD9859シリアル送信シーケンス終了
  digitalWrite(selectPin, HIGH);
}

// AD9859 3バイト・データ・レジスタ書き込み:
void write3b(byte comandRegister, byte data3, byte data2, byte
data1, int selectPin) {

  //AD9859シリアル送信シーケンス開始
  digitalWrite(selectPin, LOW);

  //SPIデータ転送
  SPI.transfer(comandRegister);
  SPI.transfer(data3);
  SPI.transfer(data2);
  SPI.transfer(data1);

  //AD9859シリアル送信シーケンス終了
  digitalWrite(selectPin, HIGH);
}
```

水晶発振周波数の倍数設定などを行うファンクション・コントロール2は3バイト，周波数設定とファンクション・コントロール1は4バイトでデータを送る必要があり，それに合わせてデータを送るようにプログラムしています．それ以外のコントロールはデフォルトのままでよいので，データを送っていません．

図8は4バイトの周波数データを送っている時の説明図です．上からクロック，データ，IOSYNC，IOUPDATEの波形です．IOSYNCとIOUPDATEはAD9859（および同類のDDSチップ）独自の信号です．

図8では5バイト分の送信があります．初めの1バイトは命令バイトで，この命令バイトの内容によりそれ以降に連なるデータが何なのか，また読み出すバイト数がどのくらいかをAD9859が判断します．

AD9859がうまく動作しない時，各ピンの配線，接続を確認するのと合わせて，波形がこのようになっているかオシロスコープでチェックするとよいでしょう．

データ・セットがうまくいかない場合は，Arduino関連の書籍なども参照して対応してみてください．

パソコンに接続したUSBの電源でArduinoおよびDDS回路を動作させている場合，USBコネクタを挿してから実際にDDSが出力を始めるまで数秒かかります．したがって最初のセットアップの後，約5秒待ってからループ動作を開始しています．

拡張のヒント

① 価格を下げたい

全体の価格を今回より下げたい場合，Arduino UnoをSparkfun製のDa vinciなど低価格で同等のマイコン・ボードにし，それをユニバーサル基板上に直接置くことでフラット・ケーブル・ヘッダを付けていたシールド基板やフラット・ケーブルも削除できます．写真11はアルミ・ケースの中にこの構成で追加した時のようすを示しています．USBコネクタはミニ・タイプとなっています．基板から放射されるノイズ抑制の面からも高周波特性の安定性の面からも，Arduinoも含めて金属製ケースに収まっている方が良い性能が出やすくなります．Da vinciからのノイズが目立つ場合は，写真11のケース内右端のスペースにユニバーサル基板を置いてそれにDa vinciを載せ，高周波基板と分離する方がよい場合があります．

② リアルタイムでチャートを表示させたい

Arduinoを使って取り込んだデータをリアルタイムでパソコンの画面上に波形を表示する方法としてProcessingというプログラムを使う方法があります[6],[7]．

なお，ArduinoのプログラムはProcessingをベースに作られています．

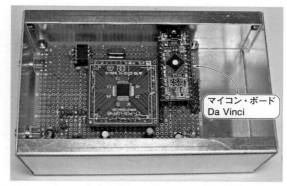

写真11 Arduino互換基板Da Vinciと組み合わせて低価格にした例

図1はProcessingとArduinoを組み合わせてネットワーク・アナライザを実現させてパソコン上にデータを表示させた場合の見え方の例を示したものです．今回は，リアルタイムで表示するプログラムは作成していません．表示イメージを作成するため，シリアルモニタの測定結果の表示を使って，画面例を作ってみました．

Arduinoのシリアルモニタの表示から測定結果を取り込んでProcessing画面表示を行った手順は，次のとおりです．

（1）Arduinoのシリアルモニタに表示されたデータをコピーしていったんメモ帳に貼り付けてからExcelに形式を指定して貼り付ける．その際に，データの区切りにスペースとカンマの両方を指定する．Excelに取り込んでExcelでグラフを表示する手順と同じ．

（2）Excelの中で別に同じように取り込んだオープンと－20 dBリターン・ロス基準のデータからリターン・ロス表示縦軸の補正を行う．

（3）表示させるデータの次の欄に"，"を置く．データと"，"の欄を結合させる．

（4）Processingのプログラム・エディタの中の該当するデータの箇所にデータに"，"が付いた一連のExcelのデータの1欄をコピーし貼り付ける．

（5）そのProcessingを実行すると添付のようなグラフが得られる．リターン・ロスのデータは，全反射の位置をグラフ上で1目盛り下げて表示している．

同じグラフ上に通過と反射のカーブを見やすくするため重ねています．

③ 性能を上げたい

汎用基板ではグラウンドが弱いなど安定した性能を

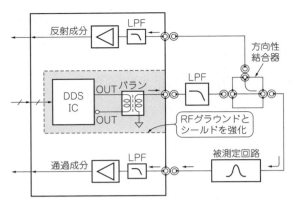

図12 特性の良い方向性結合器を外付けするとリターン・ロス測定性能が向上する

得ることは難しいようです．専用の基板，できれば4層基板を起こせば，より安定した性能を得られます．

AD9859が内蔵するD-Aコンバータの分解能は10ビットです．同じピン数の類似デバイスでD-Aコンバータが14ビットのAD9954を選ぶと，D-Aコンバータによる不要信号が小さくなります．ただし$f_{CLK}-f_0$などのDDSの原理から発生する成分の大きさは変わりません．

より正確なリターン・ロスを求めるには，方向性結合器を高性能のものにして，高性能のローパス・フィルタとともにユニットに外付けする（**図12**）などの方法が考えられます．

▶周波数上限を上げる

AD9859は仕様上はクロックの最大周波数は400 MHzです．実際にはさらに高いクロックでも動作するようです．水晶に25 MHzをつなぎVCO倍数を20倍にすると，クロックが500 MHzで動作します．30 MHzの水晶をつなぐと600 MHzで動作します．

▶位相情報も得たい

同じAD9859を使って帯域をGHzまで延ばし，位相情報を測りスミス・チャート表示ができるベクトル・ネットワーク・アナライザを実現している例があります[8]．AD9859は2個位相同期させて使い，DDS出力周波数は2個のDDS間でkHz程度差のある状態で周波数を変化させ，二つの周波数をミキサで混合し，低周波アンプ（OPアンプ）でkHzの差分を取り出してパソコンのオーディオ・ポートでA-Dサンプリングして位相情報を含む信号検出をしています．ミキサと低周波アンプによって実効的に非常に狭い帯域のバンドパス・フィルタを実現しています．これにより，多くの不要信号が存在しているDDS出力を使いながらも，製作が難しい高周波フィルタなしで目的の高周波信号を広いダイナミック・レンジで取り出しています．Arduinoによる制御ではありませんが数万円のキットが市販されています．

◆参考文献◆

(1) AD9859データシート，アナログ・デバイセズ．
(2) 登地 功；すぐ使えるディジタル周波数シンセサイザ基板［DDS搭載］，2012，CQ出版社．
(3) TCD-20-4＋データシート，Mini-Circuits．
(4) AD8307データシート，アナログ・デバイセズ．
(5) 神崎 康宏；Arduinoで計る，測る，量る，2012，CQ出版社．
(6) リアス，フライ著，訳：船田 巧；Processingを始めよう，2011，オライリー・ジャパン．
(7) 田原 淳一郎；Arduino Uno/Reonaldで始める電子工作，2012，カットシステム．
(8) 西村 芳一；400MHzまでバッチリ！10万円ネットワーク・アナライザ VNWA3E，pp.69-79，トランジスタ技術 2015年4月号，CQ出版社．

（初出：「トランジスタ技術」2013年3月号 特集 第10実験ベンチ）

製作 12

16チャネル通信ラインのループバック・テスタ

ケーブル断線を検出できる1:1や1:nでテスト信号を出し受け

●使用するプログラム Arduino Program12

中尾 司

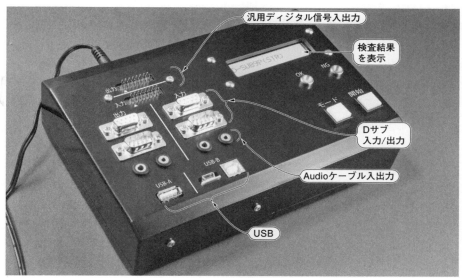

(a) 外観

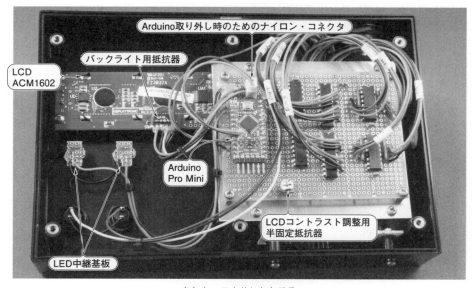

(b) ケースを外したところ

写真1 Arduinoで製作したケーブル・チェッカ

　Dサブ9ピンのシリアル・ケーブルやUSBケーブルなどの断線やショートをチェックできるケーブル・チェッカを製作しました(**写真1**)．オーディオなどで使用されるφ2.5またはφ3.5のプラグ・ケーブルもチェックできます．最大16本のケーブルまで対応できます．
　シフトレジスタによる多入出力ポートとI^2Cデバイ

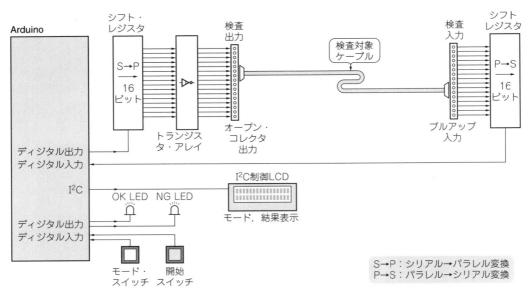

図1 Arduinoで製作したケーブル・チェッカのブロック図

スを応用し，少ないI/Oポートで製作しました．

仕様
- 次のケーブルの断線，ショート，導通チェック
  - Dサブ9ピンのシリアル・ケーブル
  - USBケーブル
  - φ2.5またはφ3.5のプラグ・ケーブル
- 製作費：約10,000円

こんな装置

● 仕様

図1に今回製作するケーブル・チェッカのブロック図を示します．検査対象のケーブルは，ディジタル入力端子とディジタル出力端子の間に挿入します．そしてディジタル出力端子から信号を出したとき，それが入力側でどのように検知されるかを調べます．1ビットの出力に対して複数の入力が反応したときはショート，入力に反応がない場合は断線と判断します．検査結果は16文字×2行の小型ディスプレイと二つのLEDで表示します．

検査モードの切り替え（フリー，USB，Dサブなどの切り替え），検査開始はそれぞれプッシュ・スイッチで操作します．検査モードにはFREE，PLUG-MONO，PLUG-STEREO，USB，D-SUB9P(STR)，D-SUB9P(RVS)の六つがあります．

FREEは入力側の各ピンが出力側のどのピンにつながっているかを調べるもので，合否判定はありません．1番ピンから順番に0～F（16進数）の番号を割り当て，出力側がどのように並んでいるかを小型ディスプレイに表示します．

それ以外のモードは規定のピン数で入力と出力が1対1でつながっているかを検査します．断線やショートがある場合は異常個所を小型ディスプレイへ表示し，合否をLEDで示します．D-SUB9P(RSV)は入力側の一部ピン配置をソフトウェア的に入れ替えて，1対1の検査を行います（ケーブルにより対応できないものもある）．

● 使い方

モード・ボタンを押して希望の検査モードに設定し，開始ボタンを押すと，検査が実行されます．すぐに小型ディスプレイに結果が表示され，合否判定のあるモードでは「OK」のときは緑，「NG」のときは赤のLEDが点灯します．図2と写真2に表示結果の例を示します．Dサブ・コネクタのシリアル・ケーブルで，クロスかストレートか分からないときや，未接続のピンがあるかを調べたいときは，フリー・モードでピン状態を調べれば判別できます．

● 本器の検査アルゴリズム

本器は，出力側のピンを1本ずつアクティブ（"L"）にして，入力側の16ピンの状態を一度に読み込み，アクティブになっているピンを調べます．

図3に特定のピン（ここでは4番ピン，3ビット目）で検査する場合のようすを示します．正常時は図3(a)のように出力側のアクティブなピンの番号と，入力側でアクティブになっているビット番号が一致します．これで正常と判断します．このような動作を必要なピンの本数回繰り返します．

（a）FREE(MAX16)モードでDサブ9ピン（クロス）ケーブルを接続したとき

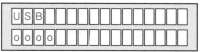

（b）USBモードでUSBケーブルを接続したとき（正常）

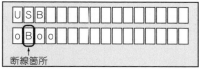

（c）USBモードでUSBケーブルを接続したとき（2番ピンが断線）

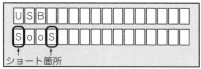

（d）USBモードでUSBケーブルを接続したとき（1番ピンと4番ピンがショート）

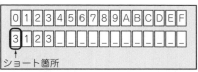

（e）FREE(MAX16)モードで（d）のUSBケーブルを接続したとき（ショートしているピンの中で大きい方の番号が表示される）

図2 ケーブル・チェッカの検査結果のLCD表示例

写真2 図2（a）の実機LCDの表示例

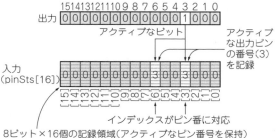

図3 16チャネルの通信ラインにテスト信号を入れて導通を検査した例
4番ピンの検査を例に

図3（b）のように入力側で複数のピンがアクティブになっていると，ほかのラインとショートしていると判断します．また，図3（c）のようにアクティブになる入力側ピンが一つもない場合は，断線と判断できます．

RS-232-Cのクロス・ケーブルは，一部のラインが入れ替わっています．これは入力側のピン並びが入れ替わったパターンで比較することで対応できますが，製品により制御線の結線が異なり対応できない場合もあります．

そのほかに，1対多数で導通先が確認できるフリー・モードも用意します．このモードは，図3（d）のように1本の検査出力に対して，入力側のどのピンが反応するかを調べます．

ハードウェア

● ロジックICでI/Oポートを増設

ケーブル・チェッカの回路を図4に示します．ユニバーサル基板で配線しやすいようにIC類の向きやピン並びの順序を設定しています．

今回の用途ではArduinoのディジタルI/Oポートの数が足りないため，ロジックICでI/O数を増設しました．入力側，出力側それぞれに8ビットのシフト・レジスタを2個ずつカスケード接続して16ビット化し，最大検査ピン数を16本とします．

検査出力側はシリアル信号をパラレル信号に変換するシフト・レジスタのHC595を使用します．このICは出力にラッチ回路が付いているため，シフト中の出

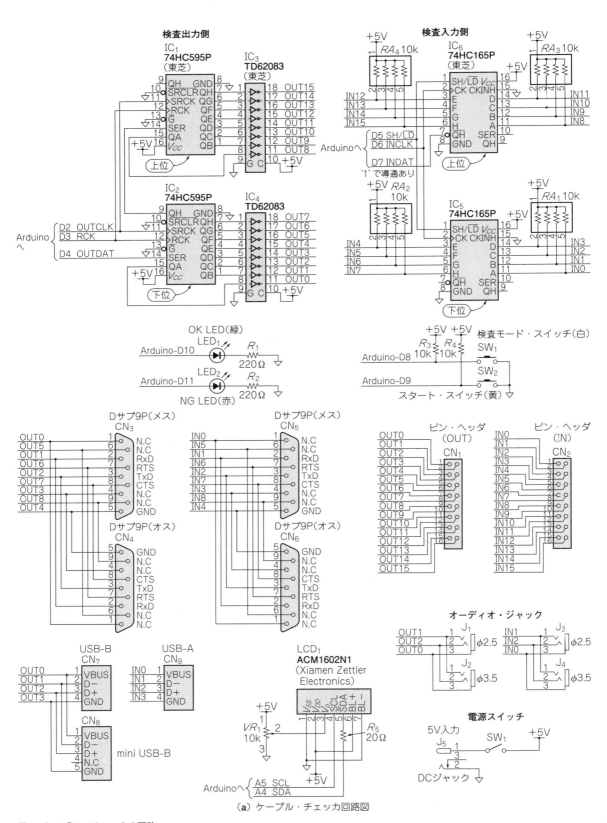

図4 ケーブル・チェッカの回路
(a) ケーブル・チェッカ回路図

力変化を防げます(今回はシフト中に出力が変化しても支障ない).

HC595の出力には8素子のトランジスタ・アレイTD62083を接続してオープン・コレクタ出力としています.これはケーブルがショートしているときに出力同士が接続されるためです.

ケーブル間の信号は負論理("L"でアクティブ)で扱うことにします.ショート時はワイヤードORの原理でショートを検出できます.

● Arduino Pro Miniを使う

ユニバーサル基板に実装しやすいArduino Pro Miniを使いました(コラム参照).USB-シリアル変換器を用意する場合はMM-FT232(サンハヤト)なども使えます.

今回使用したものはPro Miniと称しているものの,Arduino IDEで使う場合はマイコン・ボードの種別をUnoとして扱う必要がありました(基板にUno Compatibleと書かれている).A5,A6のピンがないからだと思います.

小型ディスプレイにI^2Cインターフェースを使用するため,ArduinoのA4,A5から信号を取り出す必要があります.残念なことにArduino Pro Miniはこの2信号が基板両サイドのランドから取り出せないため,Pro Mini本体にリード線を直接取り付けて親基板に接続しました.

● 部品

部品リストを表1に示します.制御回路は95 mm×72 mmのユニバーサル基板で作りました.そのほかUSBコネクタ,ピン・ヘッダを保持する基板には72 mm×48 mmのユニバーサル基板を半分に切断して,それぞれに使っています.

● 配線

コネクタ間は並列接続するだけの単純なものです.配線がすっきりするように単線の細いワイヤを使っています.写真3は加工したケースにコネクタ類を取り付けて配線し終わったところです.

コネクタと制御基板の配線は,ピン・ヘッダ部分にビニール線を1本ずつはんだ付けしてそれを制御基板に接続しています.写真1(b)のように,あとから各ラインが特定できるように色違いのビニール線を4本ずつまとめ,ビニール・テープなどで束ねて分類しています.

プログラム

筆者作成のライブラリ(wCTimer,wDisplay,wSwitch)は,付属CD-ROMから入手して丸ごとArduinoのlibrariesにコピーしてください.Arduino IDEを再起動すると使えるようになります.

● 検査手順

検査出力側は1ピンだけ信号をアクティブにします.その後,検査入力側の16ビットを一度に読み出します.その16ビットの値で合否判定や表示などの処理を行います.このような処理を,アクティブにするピンを順番に変更しながら必要な回数繰り返します.最後に最終的な合否判定を行います.この繰り返し回数は,あらかじめ設定されているコネクタのピン数となります(フリー・モードを除く).

検査入力側はハードウェア的に論理反転されているため,ソフトウェア上ではアクティブなビットは'1'になります.検査出力側もシフト・レジスタに'1'を書き込むと,トランジスタ・アレイによって論理反転されて,出力は"L"になります.プログラム上では正論理('1'でアクティブ)に統一しています.

フリー・モードでは検査を開始すると小型ディスプレイの上段に基準となる出力側のピン番号,下段に実際に読み出した入力側のピン番号が表示されます.1けたで1〜16番のピンを表現するために,ピン番号は16進数表記とし,1番ピンが0h,16番ピンがFhとなっているので気を付けてください.導通がないピンはアンダ・スコアで表示されます.

フリー・モード以外では,左から順に1番ピン,2番ピン…となっています.正常なピンはo(オー),断線しているピンはB,ショートに関係しているピンは

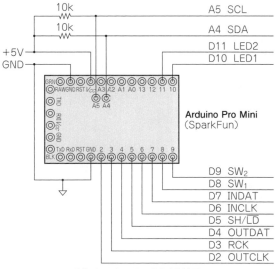

(b) Arduino Pro Mini結線図

表1 図4に示すケーブル・チェッカ回路の部品表

品　名	型　名	メーカ名	数量
Arduino[*4]	Pro mini	SparkFun	1
USBシリアル変換器[*1][*4]	Pro mini付属品		1
I²C接続キャラクタLCDモジュール	ACM1602NI-FLW-FBW-M01	XIAMEN ZETTLER ELECTRONICS	1
シフト・レジスタ（IC_1，IC_2）	HC595	東芝など	2
シフト・レジスタ（IC_5，IC_6）	HC165	東芝など	2
トランジスタ・アレイ（IC_3，IC_4）	TD62083	東芝	2
丸ピンICソケット	1列12ピン	メーカ不問	2
ピン・ヘッダ（細）	1列12ピン／PHA-1x20SG		2
ピン・ヘッダ	6ピン L型		1
ピン・ソケット	6ピン		1
ピン・ヘッダ（CN_1，CN_2）	2列×16		2
集合抵抗 4素子5ピン 10k（$RA_1 \sim RA_4$）	10kΩ／L051S103LF	BI	4
セラミック・コンデンサ	0.1μF	メーカ不問	4
抵抗器（R_1，R_2）	220Ω		2
抵抗器（R_3，R_4）	10kΩ		2
抵抗器（R_5[*5]）	47Ω		2
D-SUBコネクタ（CN_3，CN_5）	9P メス		2
D-SUBコネクタ（CN_4，CN_6）	9P オス		2
両面スルーホール・ガラス・ユニバーサル基板（Bタイプ・メッキ仕上げ）	95×72		1
両面スルーホール・ガラス・ユニバーサル基板（Cタイプ・メッキ仕上げ）	72×48		1
ナイロン・コネクタ，オス（2P）[*3]	DF1BZ-2P-2.5DSA	ヒロセ電機	1
ナイロン・コネクタ，メス（2P）[*3]	DF1B-2S-2.5R		1
ナイロン・コネクタ，ピン[*3]	DF1B-2428SC		2
プラケース	PR-200	タカチ電機工業	1
NP型アルミ・パネル	NP-11		1
基板取付用USB-Aコネクタ	不明	不明	1
基板取付用USB-Bコネクタ	不明	不明	1
ブレッドボード用ミニBメスUSBコネクタDIP化キット	不明	不明	1
シーソ・スイッチ（2P，丸形，赤）	MSR9赤	マルシン無線電機	1
プッシュ・スイッチ角形（SW_1，SW_2）	MS-370M		2
φ2.1標準DCジャック（パネル取り付け型）J_5	MJ-10		1
ACアダプタ	5V 1A程度	メーカ不問	1
φ3.5ジャック J_1，J_3	MJ-073H	マルシン無線電機	2
φ2.5ジャック J_2，J_4	MJ-071H		1
ブラケット付きLED LED_1	SLP-722H	豊田電子	1
ブラケット付きLED LED_2	SLP-721H		1
半固定抵抗器10kΩ	KVSF637-AC102	コーア	1
スペーサ（両メス M2.6×11）	AS-2611	廣杉計器[*2]	4
ビス	M2.6×6	メーカ不問	8
スペーサ（オス-メス M3×15）	BSB-315E	廣杉計器[*2]	4
ビス	M3×6	メーカ不問	8
スペーサ（オス-メス M3×5）	BSB-305E	廣杉計器[*2]	4
M3ナット	M3	メーカ不問	4
スペーサ（サポート10mm 両ネジ付き）	M3×10		2
ビス	M3×8		4
すずメッキ線	φ0.3～0.5		少々
ビニル被覆線	AWG28程度のもの[*6]		適量
アクリル板 240×150×1mm		タカチ電機工業	1

＊1　単品で購入する場合はサンハヤトのMM-FT232が使用可能
＊2　廣杉計器で購入する場合，最低50個注文する必要あり．単価は50個購入時のもの
＊3　ほかのメーカのものでも可．直付けする場合コネクタ不要
＊4　今回は一体となったものを購入して切り離して使用．その場合，再接続用に6Pのピン・ヘッダとピン・ソケットが必要
＊5　20Ωがなかったので，47Ωを2本並列に接続して23.5Ωで代用．10Ωを直列にしても可
＊6　ここではジュンフロンETFE電線（AWG30/0.26mm）を使用

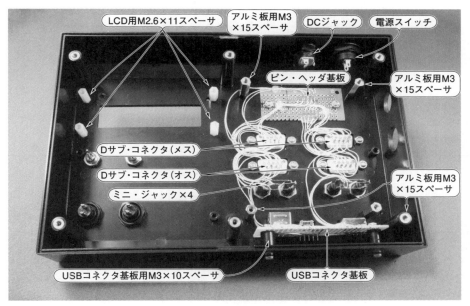

写真3　ケース側の配線

Sと表示されます．

● インスタンスの初期化

詳細はプログラム（スケッチ）のコメントを参照してください．ここではポイントだけ説明します．

I^2C-小型ディスプレイ，インターバル・タイマ，スイッチ，LEDには筆者作成のライブラリを使用します．これらのライブラリはwCTimer.h, wSwitch.h, wDisplay.hをインクルードすることでリンクされて利用可能になります．

ライブラリを使用するためにそれぞれインスタンスを作成します．

```
wI2cLcd lcd(小型ディスプレイ_8BITMODE);
  // I²C-小型ディスプレイのインスタンス
wCtcTimer2A tm;
  // タイマのインスタンス
w4Switch sw;
  // スイッチのインスタンス
```

これ以降はlcd, tm, swといったインスタンス名でドライバを操作します．準備として，各インスタンスをsetup()内で初期化しておきます．

● キー入力処理

操作の基本となるキー入力処理はkeyPress()で行います．この関数はイベント・ハンドラ（スイッチが押されたときに実行されるユーザ関数）で，setup()内であらかじめ登録しておく必要があります．次のようにして登録します．

```
sw.onKeyPress(keyPress);
  // スイッチ入力ハンドラ(ユーザ関数)の登録
```

キー入力はチャタリング・キャンセル処理のため，keyProc()をloop()内に組み込む必要があります．インターバル・タイマのcheckTimeup()を併用して8 ms周期でkeyProc()を呼び出します（リスト1）．

keyPpress(keyval)はボタンが押されたとき

組み込み用Arduino「Pro Mini」　Column

Pro Miniは，組み込み用途にも使えるArduinoファミリのマイコン・ボードです．UnoにあるUSBブリッジ回路がなく，小型化されています（約33×18 mm）．主な搭載部品は，Atmega328，電圧レギュレータ，水晶振動子，リセット・スイッチです．DIP形状なので，ユニバーサル基板にそのまま実装できます．USB通信回路は搭載されていないので，プログラムを書き込んだり，パソコンと通信するためには，別途USB-シリアル変換器が必要です．

リスト2　1対1の導通チェックのプログラム

```
portBitSet(i);                          // 1ピンだけアクティブにする
result = readPort();                    // 16ピン分読み出す
if(result == bitShiftPat[i]) {          // ビット・パターンと比較
    // 一致（一致したときの表示）
} else {
    // 不一致（不一致（異常あり）のときの表示）
}
```

リスト1　チャタリング・キャンセル処理のプログラム

```
void loop() {
  // タイマ周期処理（8ms）
  if(tm.checkTimeup()) {
     sw.keyProc();  // キーセンス処理
  }
}
```

にコールされます．keyvalに押されたボタンの番号が入っています．この値が1のときはモード・ボタン，2のときは開始ボタンとなっています．

● モードに合わせて処理を呼び出す

モード・ボタンの場合はモードを切り替えて小型ディスプレイの表示を更新します．また，開始ボタンの場合は検査処理メイン処理のpinTest()を呼び出します．

pinTest()では検査モードに合わせて各種検査処理checkPins()，checkPinsD9R()またはtestReadEach()を呼び出します．

検査モードは変数modeIndexで表します．モードに応じて0～5の六つの値をとります．また，そのモードに対応して，属性テーブル（配列変数）testMode[]があります．

このテーブルには検査のピン数やDサブ時にクロスかどうかの属性を示すフラグが登録されています．

● 1対1の導通チェック

フリー・モード以外は入出力ピンを1対1で調べます．checkPins()は指定のピン数回，1ピンずつ調べる関数です．図3(a)～(c)のような動作を繰り返します．Dサブ9Pのクロス・ケーブルの場合，一部のピンが入れ替わっているため，その入れ替わったパターンで検査できるように専用の関数checkPinsD9R()を用意しています．

checkPins()で1ピンぶんの比較処理のコードを抜粋して示します（リスト2）．iは検査ピン番号（0～検査ピン数－1）の値をとります．

● 16ビットの導通チェック

肝心なのは16ビットの入出力です．portBitSet()は16ビットの検査出力ピンのうち，1ピンだけアクティブにする関数です．また，readPort()は入力ポートより16ビット一度に読み出す関数です．この二つを組み合わせてピン状態を調べます．readPort()の返り値は16ビットのビットマップ値になっていて，ビット0が'1'のときは1番ピンがアクティブ，ビット1が'1'のときは2番ピンがアクティブというように，ビットがピンに対応しています．

readPort()で16ビット入力をする際，SH/LD信号をLDにすると最初のビットがシフト・レジスタの最下位にセットされるため，16ビット入力するためには，15回シフトさせます．16回ではないので，気を付けてください．

フリー・モードはtestReadEach()で処理します．入力側の各ピンがどの出力側ピンとつながっているかを1ピンずつ記録し，それを最後に表示するようにしています．

この関数の場合，図3(d)のように，ビット・パターンではなく，ピン番号を16個の配列変数pinSts[]に記録します．

入力側でアクティブになっているピンの記録位置にカレントの出力側ピン番号を記録するのですが，複数のピンがアクティブの場合は，複数の記録位置に同一の出力側ピン番号が記録されます．したがって，最終的にはショートしているうちで一番大きいピン番号が残ります．

（初出：「トランジスタ技術」2013年3月号 特集 第7実験ベンチ）

製作 13 出力特性を自動測定！ACアダプタ用電源チェッカ

使用するプログラム Arduino Program13

下間 憲行

電圧-電流やリプルがボタン一発で！ 正体不明のACアダプタが蘇る

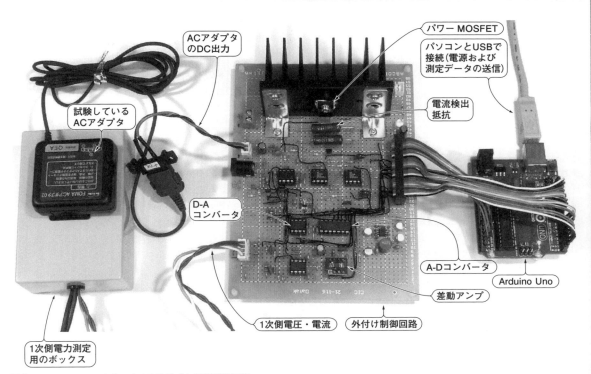

写真1　Arduino Unoを使ったACアダプタ負荷試験回路

製作のきっかけ

身の回りの機器では，さまざまなACアダプタが使われています．機器を使わなくなった後でも，ACアダプタだけは手元に残している人も多いのではないでしょうか．

ACアダプタは，交流電源から直流を作り出す部品です．出力電圧や最大出力電流，出力プラグの形状・極性が異なるため，付属していた機器とセットで使用することが基本です．しかし電子工作の際には，再利用できる可能性がある，有用な部品になります．

● ACアダプタはその特性がわからないと使えない

ACアダプタを電子工作などで再利用する際には，注意しなければならないことがあります．ACアダプ

タに定格として明記されている出力が常に得られるわけではないということです．負荷によって出力電圧が大きく変化することもあります．また，直流とはいっても出力電圧は厳密に一定ではなく，わずかに脈動しています（リプルという）．リプルが大きいと，例えば低周波アンプを使った機器だと，ブーンというハム音が大きくなります．ディジタル回路では，LSIなどの部品の誤動作や破損につながることもあります．

このようなACアダプタの特性を理解しておかないと，せっかく製作した回路が期待通りに動作しなかったり，壊してしまうこともあります．やけどや火災といった大きな事故を引き起こしてしまう危険もあります．

● ACアダプタの特徴を自動的に調べる

このような理由から，手元にあるACアダプタの特性を調べるツールを製作しました（写真1）．測定例を図1と図2に示します．

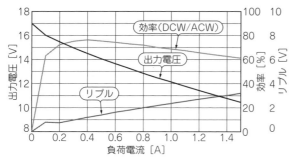

図1 測定例1…定格12 V，1 AのトランスACアダプタ

負荷電流の変化に伴う出力電圧の変化と，直流出力に乗るリプル（脈動成分）を測ることができます．また，1次側（AC100 V）の電力も測定することで，変換効率を計算します．

● 測ってわかるACアダプタの特徴と適切な使い方
▶出力電圧が大きく変動する

定格12 V，1 AのトランスACアダプタ（図3）を測定した結果が図1です．負荷電流が増大すると電圧が低下していくようすがよくわかります．

1 A負荷のときに12 Vが出力されていますが，約2.3 V_{P-P}のリプルが生じています．このACアダプタを用いる機器では，出力電圧の変動とリプルを考慮した回路設計が必要だとわかります．

▶リプル電圧がとても大きい

リプル電圧がとても大きなアダプタに出会ったことがあります．平滑コンデンサが劣化しているのかと，アダプタを解体してみたら，ダイオードを2本使った両波整流回路が組み込まれているだけで，平滑コンデンサが見あたりませんでした．このようなACアダプタを使う場合には，機器の方に平滑回路を用意する必要があります．

古い機器では回路が正負電源を使うために，トランスだけしか入っていないACアダプタも存在します．

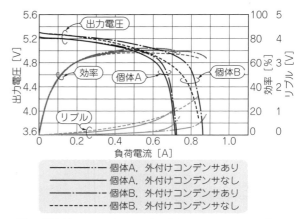

図2 測定例2…100円ショップで販売されていたUSB出力ACアダプタ

当然，交流出力になるので注意が必要です．
▶個体差が大きい

スイッチングACアダプタ（図4）の例として100円ショップで見つけたUSB出力のACアダプタ（定格5 V，1 A）も測定しました．その結果が図2です．個体によって，最大電流が大きく異なっていることがわかります．定格を超える領域ではあるものの，大きな電流が流れる可能性のある機器では，同じ型名のACアダプタであっても使えたり，使えなかったりする可能性がありそうだとわかります．

また，小型の電子機器に用いることが多いUSB出力にしては，リプルが大きいことが気になります．試しに1000 μFのコンデンサを付加して測定してみたところ，リプルは小さくなりました．電圧の安定度からは，定格の半分くらいが実力です．

● トラブル・シューティングにも活用できる

ACアダプタの故障でノート・パソコンの電源が入らないという故障に出会ったことがあります．無負荷時の出力は正常なのですが，負荷電流を大きくすると急に電圧が下がってしまうのです．本器を活用することで，こういった現象もテストしやすくなります．

このときにはACアダプタで使用している部品の劣

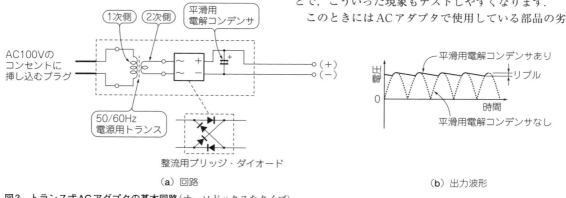

図3 トランスACアダプタの基本回路（オーソドックスなタイプ）

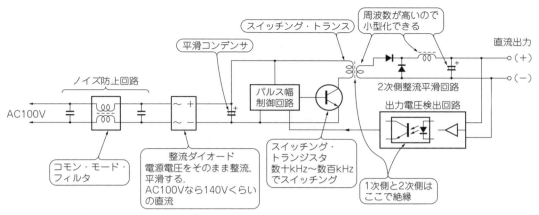

図4 スイッチング式ACアダプタの基本回路

化かと思い，樹脂ケースを無理やり開封して点検してみましたが，目視では問題ありませんでした．ACアダプタ回路の出力部分を測定してみたところ，仕様通りの電流を取り出すことができました．

このことから，パソコン本体とつなぐケーブルに問題があると推測し，コードを切って調べてみたところ，導体が腐食していました．シールド線が使われていて，外側の網線に触れるとパラパラと分解してしまう状態でした．これでは大電流を流すことはできません．

回路の設計

● Arduinoと外付け制御回路で実現

本器のブロック図を図5に示します．パソコンでデータ収集ができるようにArduino Unoを用いました．

Arduino Uno基板から，ユニバーサル基板に手組みした外付け回路を制御します．測定データのグラフ化はgnuplotというフリー・ソフトウェアを利用します．

外付け回路の回路図を図6に示します．外付け制御回路の電源は，Arduinoから供給します．

負荷となる定電流回路にはヒートシンクが必要です．電流は12ビットのD-Aコンバータで制御しています．設定できる最大電流は5Aです．常時通電するわけではありませんが，容量の大きなACアダプタ（ノート・パソコン用の電源など）を試験するとき，放熱は必須です．今回の回路では負荷電力30W程度しか扱えません（Column1「失敗談：樹脂モールドのパワー・トランジスタは内部チップの温度が想像以上に高い」を参照）．

ACアダプタの出力電圧とリプル電圧の測定には12ビットのA-Dコンバータを使いました．直流電圧は

Column 1 失敗談：樹脂モールドのパワーMOSFETは内部チップの温度が想像以上に高い

24V出力50W定格のスイッチング電源をつないでようすを見ていたときです．この電源の保護回路が何Aで働くか試してみました．0.1Aステップで定電流異常が発生するまで電流を増加させると2.7Aで停止しました．今回のスケッチでは一つのデータ取得に約0.4秒必要なので，およそ10秒でこの測定が終わりました．

このあと，もう少し詳しいデータを得ようと20mAステップにしました．これで計測時間が5倍になります．頭の中では「電力的にそろそろ危ないぞ」ということはわかっていたのですが，やってしまいました．パワーMOSFETがこの電力による発熱に耐えられませんでした．測定が終わって気が付いたら，ドレイン-ソース間が短絡状態になっていたのです．

2SK2232はフィン部が樹脂で囲まれていて，放熱板との絶縁を気にしなくてすみます．ところが熱抵抗は3.57℃/Wで，金属フィンが出たTO-220型（2.5℃/W）に比べて大きくなっています．

理論上の無限大放熱器に装着したときの素子部温度がこの熱抵抗で計算できます（これ以外にもパラメータはあるが）．例えば，50Wの電力を消費させると，金属フィンだと125℃の上昇と計算できるのに対し，樹脂フィンだと180℃となります．2SK2232のデータシートには最大電力35Wと記されているので，無謀な試みだったわけです． 〈下間 憲行〉

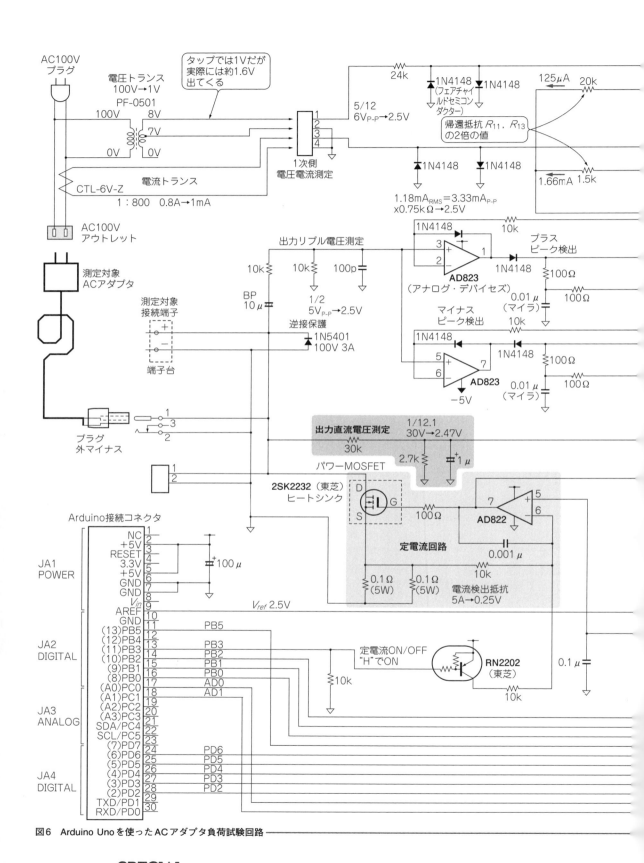

図6 Arduino Unoを使ったACアダプタ負荷試験回路

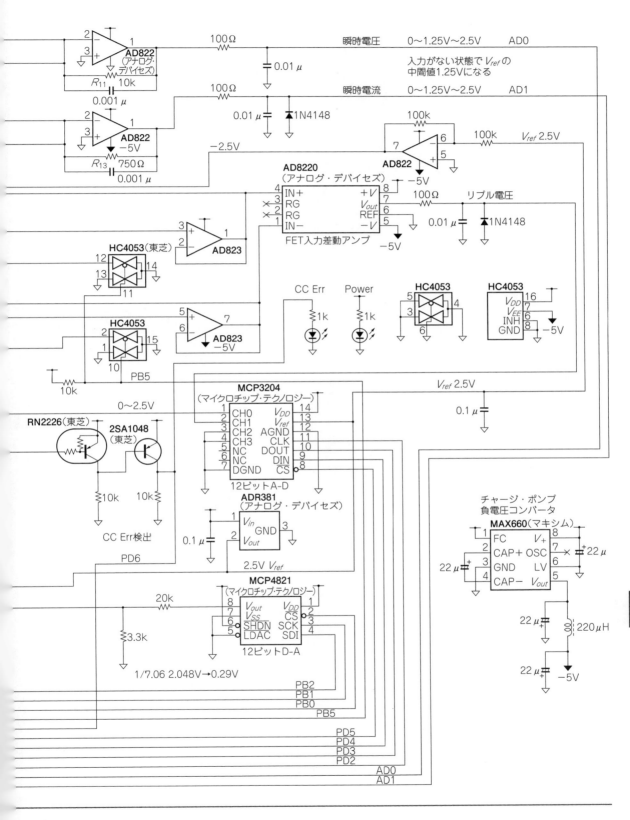

30Vまで，リプルは5V(ピーク・ツー・ピーク値)まで測れます．

1次側電力の算出のために電圧トランス(VT)と電流トランス(CT)を用います(Column2「製作に使った電圧トランスと電流トランス」を参照)．1次側電源(100Vライン)と絶縁し，それぞれの瞬時値をArduino内部のA-Dコンバータ(10ビット)で測定します．**写真2**がトランスを組み込んだ樹脂ケースです．

● 定電流回路

定電流回路は，パワーMOSFETのソースに接続した電流検出抵抗(2本並列)における電圧降下が一定となるように，OPアンプで制御しています．正常に定電流制御されているときは，OPアンプの反転入力と非反転入力が同じ電圧になります．

電流検出抵抗は0.1Ω(5W)を並列にしました．1本

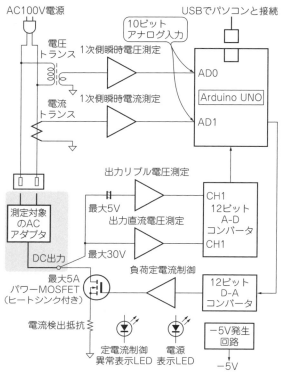

図5 ACアダプタ負荷試験回路ブロック図

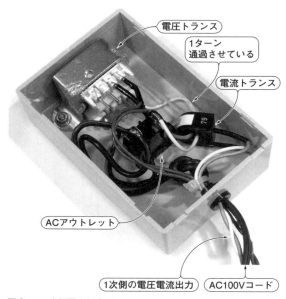

写真2　1次側電力測定ボックスの内部

製作に使った電圧トランスと電流トランス　　Column 2

● 電圧トランス(VT)

手元にあった小型の電源トランスPF-0501(大阪高波，0-100V：0-7-8V 0.15A)を使いました．この7-8V間のタップから降圧した1Vを取り出しています．

精度を求めるのなら位相特性や波形ひずみなどを考慮して作られた専用の電圧検出トランスを使うべきです(例えば興和電子工業のVT2401-A01)．なお，英語ではPotential Transformer(PT)と呼ばれています．

● 電流トランス(CT)

小型電流センサCTL-6-V-Z(ユー・アール・ディ)を用いました．2次巻線が800ターンで，1次側に1A流れると2次側電流は1.25mAとなります．

反転アンプを使った電流電圧変換回路を使っていますが，ここで問題になるのがアンプのオフセット電圧です．電流トランスの巻線抵抗と帰還抵抗の比で直流増幅率が決まります．電流トランスの仕様では33Ωとなっており，帰還抵抗の750Ωとで，アンプのオフセット電圧がおよそ23倍に増幅されて出てきます．これが測定誤差の要因になります．スケッチ内にゼロ点の補正値を置いているので回路に合わせて設定します．

半波整流された波形のように正負非対称になった電流をきちんと測定しようとすると，直流分も含めて処理しなければならないのですが，電流トランスを使うことで信号源そのものが交流結合になっています．

〈下間　憲行〉

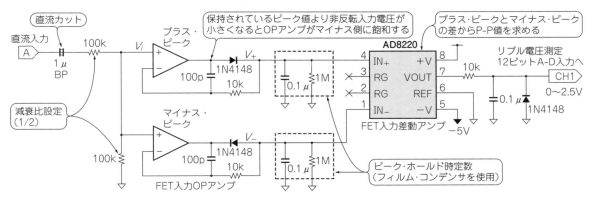

図7 正負のピーク値を検出して電源リプルを検出する

だと電流5Aで2.5Wの電力損となり，発熱による抵抗値変化が無視できないためです．熱で抵抗値が変化すると電流が変わってしまいます．

並列にすることで発熱は分散させられますが，定電流指令電圧が半分になってしまい，今度はOPアンプのオフセット電圧が誤差要因として問題になってきます．このため，高精度OPアンプを使わなければなりません．

ACアダプタにとって負荷が重くなると，設定した電流を流せなくなります．すると，OPアンプの出力電圧が上昇し，FETのV_{GS}が大きくなります．それでも追い付かないと，OPアンプの出力は電源電圧付近で飽和します．抵抗内蔵トランジスタでこの飽和を検出して，LEDを点灯するとともに定電流制御エラー（CC Err）信号を出力します．

定電流制御をON/OFF（電流＝0）するために，抵抗内蔵トランジスタを使用しています．

D-AコンバータMCP4821（マイクロチップ・テクノロジー）は基準電圧を内蔵しています．これが出力する0～2.048Vを2本の抵抗で分圧した値が定電流指令電圧になります．フルスケールで5Aを少し越える設定にしました．

● 直流電圧測定回路

ACアダプタの出力電圧を抵抗で分圧し，測定できる最大電圧を30Vとしています．1μFのコンデンサは出力に乗るリプルを平滑するためのものです．

A-DコンバータMCP3204（マイクロチップ・テクノロジー）は4チャネル入力で，そのうちの2チャネルを直流電圧測定とリプル電圧測定に使っています．残りの2チャネルは未使用です．

基準電圧にはADR381（アナログ・デバイセズ）を使いました．出力は2.5Vです．Arduinoに搭載されているマイコンのAREF入力にもつながり，内蔵A-Dコンバータの基準電圧として使います．またOPアンプを使って-2.5Vの基準電圧を作っています．

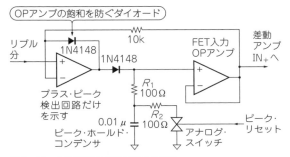

図8 ピーク検出回路の応答を速くする

● リプル電圧測定回路

トランス式ACアダプタでは，負荷電流が大きくなると直流出力に乗るリプル分（ブリッジ整流なら電源の倍の周波数で）も大きくなってきます．この値を測定できるようにしたのがリプル電圧測定回路です．

リプルをとらえようとするなら正負のピークを検出し，P-P値として測定できる回路が必要です．そこで図7の回路を試してみました．

正負のピークを検出する検波回路とピーク・ホールド時定数，保持した正負電圧の差からP-P値を算出する差動アンプが並びます．しかし，この回路だと応答がいまひとつだったのです．原因はアンプの飽和です．

例えばプラス・ピーク検出部では，コンデンサで保持されているピーク値V+よりも非反転入力V_iが少しでも低くなると，OPアンプの出力は負電源電圧まで振り切ってしまいます．これが応答速度の低下の原因になります．

そこで，図8のように，OPアンプを一つ増やしてこれを防ぎました．ダイオードで前段のOPアンプの飽和を止めます．後段のOPアンプはピーク値保持用のバッファで，この出力の差を差動アンプで取り出します．

入力OPアンプにはFET入力の高速アンプ（AD823）を使用しましたが，スイッチング電源方式ACアダプ

タのノイズ成分を正しく検出するにはまだ帯域不足です．

アナログ・スイッチ（74HC4053）は，ピーク値をリセットするために設けました．ピーク値保持コンデンサに抵抗を接続して自然放電を待つのではなく，積極的に放電を行い，負荷電流値を変化させたときのリプル値変動を，直前の状態に関係なく読み取れるようにしました．

R_1は前段のOPアンプの安定動作のために必要です．これがないと，リセット解除直後やピーク検出時に，ピーク値保持コンデンサがアンプの負荷容量になってしまい，入力波形のタイミングによっては（プラス・ピーク検出なら電圧上昇時）出力にオーバシュートが発生します．このオーバシュートを含めた電圧がピーク値として保持されてしまい誤差が生じます．高速応答の妨げになりますが，いたしかたありません．

R_2は放電時のアナログ・スイッチ保護用です．R_1とで分圧されるので，入力電圧がプラスの領域にあるとき，ピーク値保持コンデンサは完全には放電されません．

● 1次側電力測定回路

1次側電力の測定では，当初は1次側電流だけを測定していました．AC100 Vが来ていると想定して，実際に測った電流値に100 Vを乗じて電力を計算していたのです．そのとき，図9のように，RMS→DC変換ICのLTC1966（リニアテクノロジー）を使いました．このDC出力をA-DコンバータMCP3204につないでいました．4チャネルのA-Dコンバータを選んだのは，このような理由からです．

しかし，電流を実効値で測定しても得られるのは皮相電力で，単位はVAです．100 Vの電源コードに流れる電流とは一致しますが，Wを単位とする有効電力は測定できません．

有効電力Pは，

$$P = \frac{1}{T}\int_0^T v(t)i(t)dt$$

のように瞬時電圧$v(t)$と瞬時電流$i(t)$の積を時間で積分した値の平均値です．また，実効電圧V_{RMS}と実効電流I_{RMS}を乗じることにより皮相電力が得られます．

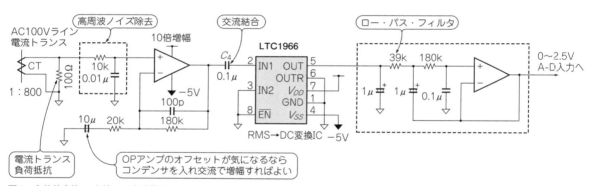

図9 実効値変換ICを使った交流電流の測定

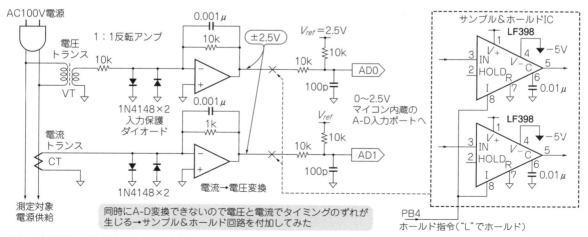

図10 瞬時電圧と瞬時電流を測定する実験

電圧電流の実効値は,

$$V_{RMS} = \sqrt{\frac{1}{T}\int_0^T (v(t))^2 dt}$$

$$V_{RMS} = \sqrt{\frac{1}{T}\int_0^T (i(t))^2 dt}$$

のように瞬時値の二乗平均の平方根で求められます.

そこで,うまく瞬時値を測定できるかどうかArduinoで試したのが図10です.電圧トランスと電流トランスが出す交流波形2系統をマイコン内蔵のA-Dコンバータ(10ビット精度)につなぎます.外付けのA-DコンバータMCP3204では変換時間が間に合わないためです.このとき,抵抗で分圧して,正負圧を入力できるようにします(Column 3「A-Dコンバータの入力レンジを拡大する方法」を参照).

電圧と電流の測定タイミングは同時が理想です.しかし現実にはA-Dの変換時間が必要なため同時測定はできません.そこでサンプル&ホールドICのLF398も試してみました.

試行錯誤の結果,最終的には次のようなサイクルで有効電力と電圧電流の実効値を測定するようにしました.

(1) サンプル&ホールドICは使わない
  (大きな差は生じなかった)
(2) A-D変換速度をArduinoデフォルト値の倍にする(125 kHzから250 kHzにして変換時間を54 μsに)
(3) 6.25 kHzタイマ割り込みでA-D変換を開始
(4) A-D完了割り込みで瞬時値を読み出し2乗値を積算

A-Dコンバータの入力レンジを拡大する方法 Column 3

正電圧,例えば0～2.5 VしかA入力できないA-Dコンバータの入力レンジを拡大する方法を図Aに示します.

図A(a)は何も付加しないそのままの状態です.入力0 Vが0に,AREF端子電圧と同じ値の入力で,A-D値フルスケールとなるよう変換されます.AREFが電源につながっているのなら0 V～電源電圧が入力レンジです.

2本の抵抗を付加して図A(b)のようにすると,正の電圧範囲を拡大できます.入力電圧はR_1とR_2の比で決まります.同一値なら2倍の入力レンジになります.

同一値の抵抗を図A(c)のようにつなぐと,正負の信号を入力できるようになります.入力が0 VだとR_1とR_3でV_{REF}の中間値である1.25 VがAD0入力に加わることになり,フルスケールのちょうど半分の値が得られます.10ビットのA-Dコンバータだと測定範囲0～1023から中間値の512を減じた-512～0～511という正負のA-D値が得られます.読み取った10ビットのA-D値から512を減算するのです.

図A(d)のように,3本の抵抗を使うとさらに入力レンジを拡大できます.R_1とR_2で分圧比が決まり,R_1とR_2の並列合成抵抗値と同じ値をR_3に使うと正負レンジの中間点が決まります.$R_1 = 30$ kΩ,$R_2 = 10$ kΩ,$R_3 = 7.5$ kΩだと±10 V入力,$R_1 = 12$ kΩ,$R_2 = 20$ kΩ,$R_3 = 7.5$ kΩだと±4 V入力に設定できます.しかし,切りの良い値をE24系列の抵抗の中から見つけるのはちょっと悩まなくてはなりません.

本器の電圧トランスの入力回路では,AC100 Vのピークで A-D入力が飽和しないよう,トランスの出力を5/12するのに反転アンプを使いました.このように反転アンプを使うと信号の増幅と減衰,それにオフセットの加減算が簡単にできます.ただし,その名の通りに出力は反転します. 〈下間 憲行〉

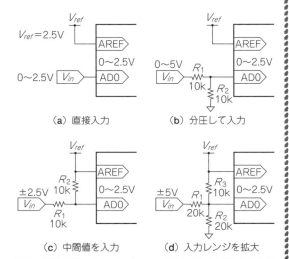

図A 抵抗を使ってA-Dコンバータの入力レンジの拡大する

制御ソフトウェア

　測定のための制御ソフトウェアは，Arduinoのスケッチとして記述していますが「Digital I/O」で使うpinModeやdigitalWrite, digitalReadや，「Analog I/O」のanalogRead関数は使っていません．タイマも割り込みを独自に設けて処理しています．Arduino Unoの制御マイコンであるATmega328Pのレジスタを直接操作しているわけです．

　パソコンとのやりとりするシリアル通信は，Arduinoが持つ「Serial」入出力機能を使っています．浮動小数点の出力はdtostrfを用いて桁数指定しました．

　Arduinoのスケッチとgnuplotのサンプルは付属CD-ROMに収録しています．

測定の操作と校正

　内部A-Dコンバータからは三つのデータが，外付けA-Dコンバータからは二つのバイナリ・データが出てきます．A-D変換処理の中で扱うデータは，高速化のためintあるいはlongの整数です．このデータを実単位の付いたデータ（VやA，VA，W）に直すのがスケーリング処理です．

　ここで，スケッチの中にテーブルとして置いている校正データを使用します．実回路の誤差（基準電圧の精度や抵抗値，アンプの特性など）を踏まえて正しい値が出てくるように校正を行わなければならないためです．あらかじめ測定してデータにしてあります．

　校正データは整数を対象としたものと浮動小数点を対象としたものがあります．それぞれについて1点校正と2点校正があるので，4種類になります．1点校正はゼロはゼロとして処理し，2点校正は数値の2点間を直線補正します．

● 操作コマンド

　Arduinoのシリアル・モニタを起動するとコマンド入力待ちになります．使用できるコマンドを**表1**に示します．コマンド種別を示す1文字を入力してEnterキーを押すと，測定あるいは校正のためのテスト・モードが始まります．

　A-D値のテスト・モードとモニタ・モードでは，数字の入力でmA単位の負荷定電流値を設定できます．数字以外の文字記号の入力で定電流出力がON/OFFします．手動で負荷電流を変えて電圧や電流値をモニタできるわけです．Enterキーだけを入力すると処理を中断します．

● 測定の開始

　回路につないだACアダプタの負荷テストのようすを**図11**に示します．

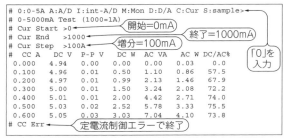

（a）負荷電流（開始電流，終了電流，増分）を入力して測定

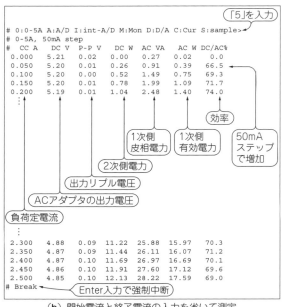

（b）開始電流と終了電流の入力を省いて測定

図11　測定のようす

表1　操作コマンドの種類

コマンド	説明
0	負荷電流（開始電流，終了電流，増分）を入力して測定開始
1	増分＝10 mAで測定開始 ● 10 mAステップで負荷電流を増加させながら測定を行う ● CC Err（定電流制御エラー）検出で測定を終わる ● 開始電流＝0 mA，終了電流＝5000 mA固定
2	増分＝20 mAで測定開始
5	増分＝50 mAで測定開始
A	外付けA-D値テスト・モード
I	内部A-D値テスト・モード
M	測定値モニタ・モード
D	D-Aデータ設定テスト・モード
C	電流値設定テスト・モード
S	1次側電圧電流波形記録指令

図11(a)は，負荷電流（開始電流，終了電流，増分）を入力して測定したようすです．

コマンドの「0」を入力して，負荷電流をmA単位で入力します．増分の入力が終わると測定が始まります．定電流負荷をONし，100 msの安定待ちの後，300 msかけて出力電圧や1次側電力を測定します．その後，結果を出力し，負荷電流を増分だけ上昇させます．この例では，終了電流＝1000 mAと設定しましたが，1 Aの手前で定電流制御エラーを検出して測定を終わっています．負荷電流0.6 Aを越えたところでACアダプタの保護回路が働いたのでしょう．

図11(b)は，開始電流と終了電流の入力を省いて測定を行ったようすです．コマンド「5」を入力すると，開始電流＝0 A，終了電流＝5 Aとして測定を開始します．手動で中断させるか定電流エラーを検出するまで続行します．図では示していませんが，コマンドが「1」なら増分＝10 mA，「2」なら20 mAとなります．

● 校正の方法

校正は，図12のように外部回路をつないで行います．テスタとオシロスコープで読み取った値が真値になるように校正データを設定します．

元となるA-D値やD-A値はテスト・モードを使って確認します．校正データはソース・ファイルを直接

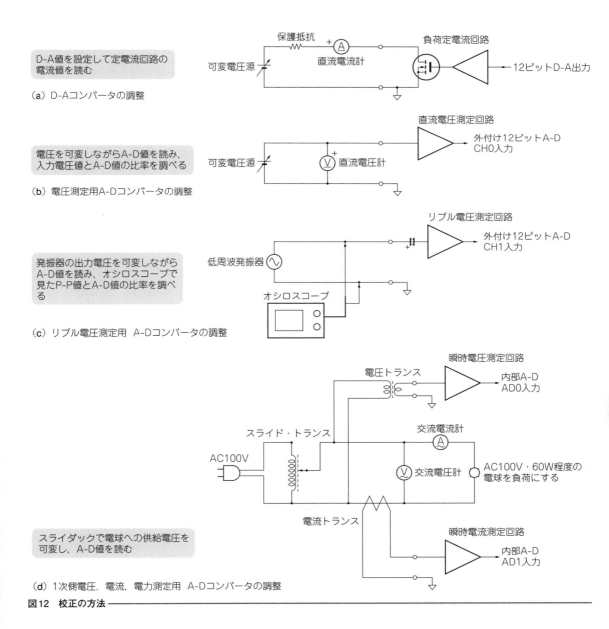

(a) D-Aコンバータの調整 — D-A値を設定して定電流回路の電流値を読む

(b) 電圧測定用A-Dコンバータの調整 — 電圧を可変しながらA-D値を読み，入力電圧値とA-D値の比率を調べる

(c) リプル電圧測定用 A-Dコンバータの調整 — 発振器の出力電圧を可変しながらA-D値を読み，オシロスコープで見たP-P値とA-D値の比率を調べる

(d) 1次側電圧，電流，電力測定用 A-Dコンバータの調整 — スライダックで電球への供給電圧を可変し，A-D値を読む

図12 校正の方法

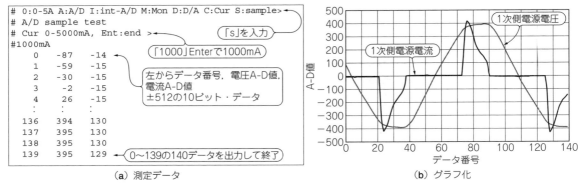

図13 1次側電圧電流のサンプリング・テストのようす
(a) 測定データ
(b) グラフ化

書き換えて再コンパイルし，Arduinoに書き込みます．
1次側電圧電流のサンプリング・テストの例を**図13**に示します．
「S」コマンドで1次側瞬時電圧と瞬時電流A-D値をサンプリングします．6.25 kHz = 0.16 ms間隔で140データ取り込むので，連続して22.4 msの間の波形を記録します．電源周波数が50 Hzだと1サイクルと1/8サイクルぶんとなり，出力数値をグラフ化することで，1次側電源波形を観察できます．

● ACアダプタの特性の測定とグラフの作成

ACアダプタの特性の測定する場合，通常は「0」コマンドを使い測定電流範囲を設定して負荷電流変化に対する電圧変動やリプル電圧変化のデータを得ます．この設定が面倒なときは「S」コマンドを使えば簡単です．50 mAステップ電流を増やしながら定電流エラーが発生するまで測定を続けてくれます．

グラフを作成する際には，シリアル・モニタ画面に出てきた測定値をコピー&ペーストしてテキスト・ファイルに保存し，そのファイルをgnuplotでグラフ化します．

（初出：「トランジスタ技術」2014年9月号）

製作 14 16チャネル/12kポイントのロジック・アナライザ

使用するプログラム Arduino Program14

パソコンに波形データを蓄積！ SPIプロトコル表示機能付き

武山 伸

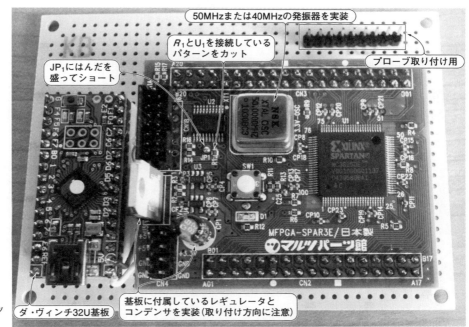

写真1 Arduinoで製作したロジック・アナライザ

Arduinoを使ってロジック・アナライザを作りました(**写真1**)．マイコンなどのI/Oポート出力をパソコンに取り込むことができます．通信プログラムのデバッグなどに使えます．

図1に，実際に取り込んだ波形をパソコン側のプログラムで表示しているところを示します．CH1～CH4までの4チャネルを使ってSPIの信号を観測し(MOSIとMISOが共通のピンになっているSPIデバイス)，そのデータをデコードした情報も一緒に表示しています．

筆者は，SPIやJTAGなどの信号を解析するとき，

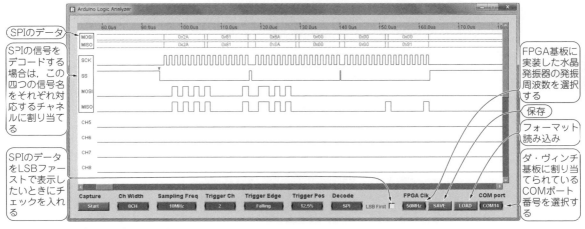

図1 取り込んだデータをパソコンに表示したところ

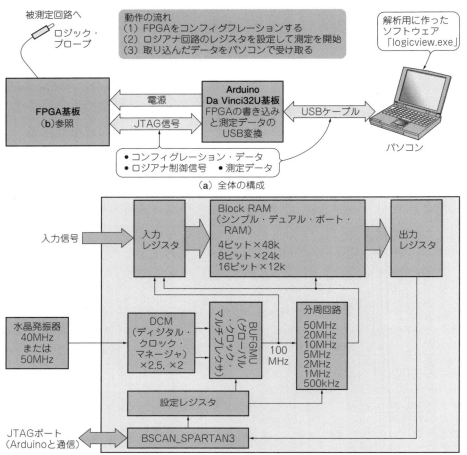

図2 Arduinoで作るロジック・アナライザの全体構成とFPGAの内部ブロック図

ロング・メモリを搭載したオシロスコープに取り込んだ波形データをパソコンに転送し，プログラムを使って送受信データやステートの遷移などを分かりやすく加工して出力していますが，それより便利でした．

仕様
- 最大サンプリング周波数50 Mbps
- 16チャネル/12 kポイント，8チャネル/24 kポイント，4チャネル/48 kポイント
- SPIデータ・デコード機能付き
- 製作費：約7,000円

応用例
- 多チャネル・ロガー
- 多チャネル波形発生

ハードウェア

図2に本器の全体構成とFPGAの内部ブロック図を示します．パソコンからロジック・アナライザのレジスタにサンプリング周波数やトリガ・チャネルの選択などを設定し，測定を開始します．トリガ信号が来て測定が終了すると，ロジック・アナライザからパソコンにデータを送って表示します．パソコン側のプログラムでSPI信号のデコードを行っています．

FPGA基板の回路データはArduino基板を通して送り，設計した回路データをFPGAに書き込みます（コンフィグレーション）．このときArduino基板は，ダウンロード・ケーブルとして機能します．

チャネル数を切り替えるときは，FPGAをコンフィグレーションし直します．例えば，SPIの信号を取り込むときに，16チャネルに設定して取り込むよりも，4チャネルにして波形を取り込んだ方が4倍長くデータを取り込めるからです．

● 回路構成

図3に回路構成を，部品表を表1に示します．部品の位置は，写真1の基板配置に合わせました．SRAMを追加して取り込める波形のポイント数を多くしたかったのですが，コストがかかる上にはんだ付けの難易

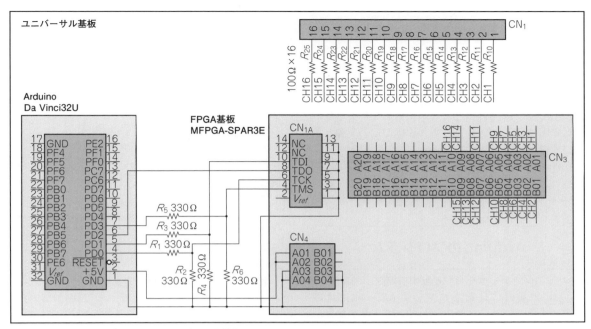

図3 Arduinoで作るロジック・アナライザの回路構成

表1 使用した部品

品名	仕様	購入先	数量
ダ・ヴィンチ32U with Arduino Bootloader	－	ストロベリー・リナックス	1
XILINX FPGAボード MFPGA-SPAR3E	－	マルツパーツ館	1
水晶発振器 CSX-750PB(B)	40 MHz	秋月電子通商	(1)
水晶発振器 HHC50ATW-50 MHz	50 MHz	マルツパーツ館	(1)
片面紙エポキシ・ユニバーサル基板	95×72 mm	秋月電子通商	1
ピン・ヘッダ 1×20(CN1)	－		1
炭素皮膜抵抗($R_1 \sim R_6$)	330 Ω		6
炭素皮膜抵抗($R_{10} \sim R_{25}$)	130 Ω		16

度も一気に上がるため，FPGAに内蔵されているRAMだけを使っています．

回路図では，プローブを接続するコネクタに16チャネル分の接続を示すために16ピンのコネクタを使っていますが，**写真1**では9ピンのコネクタを実装しています．

Arduino基板には，Arduinoのブートローダが書き込み済みのATmega32U4を搭載した「ダ・ヴィンチ32U with Arduino Bootloader」（ストロベリー・リナックス）を使いました．純正のArduino Unoなどと同様，Arduino IDEでプログラムを書き込めます．純正品とは基板サイズが違うので，Arduino用シールドをそのままでは使えませんが，小さくて価格も安いため今回のような用途には適しています．

プローブ先端部品は，**写真2**に示すマルツパーツ館で扱っているLA-PROBE-20PCSです．

● Arduino-FPGA基板間のJTAGインターフェースを確実に作る

JTAG信号は，$R_1 \sim R_6$までの330 Ωの抵抗で半分に

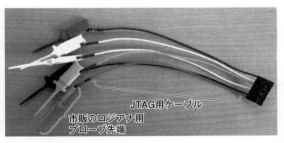

写真2 信号を拾うプローブ

分圧しています．これはArduinoが5 Vで動作しているのに対し，FPGA基板に実装されているSpartan-3EのJTAG回路は2.5 Vで動作しているためです．

半分に分圧するなら1 kΩなどの適当な抵抗値でよさそうですが，実際に1 kΩで分圧するとTCK信号がなまってしまいます．スレッショルド付近のノイズでJTAGのステート・マシンが誤動作を起こしてコンフィグレーションに失敗するようになります．

抵抗値だけでなく配線の長さも影響するので，JTAG

の配線はあまり長くならないようにします．

Arduinoから FPGAに送信する信号は分圧することで対処しますが，FPGAが出力する2.5 Vの信号を5 Vで動作している Arduinoでそのまま受け取っても，仕様的には以下のように計算されるので，電源電圧さえ正常であれば問題ありません．

FPGA側のJTAG信号出力（TDO）の"H"出力時の最低電圧は V_{CCO} - 0.4 Vなので，電源電圧2.5 Vのときの信号電圧は2.1 Vです．

ATmega32U4が"H"と認識する最低電圧は $0.2\,V_{CC} + 0.9$ V という式から，電源電圧5 Vのときは1.9 Vとなります．これにより，最悪でも0.2 V程度のマージンが取れます．

Arduinoのプログラム

● パソコンとデータをやりとりする関数

Arduino基板に搭載されているATmega32U4はUSBインターフェースを内蔵していて，パソコンからは仮想COMポートとして認識されます．

Serial.readBytes関数でパソコンから送られてきたデータを受け取り，Serial.writeやSerial.print関数を使ってパソコンにデータを送信します．

JTAG信号の操作は，SPIやI²Cといった通信方式と違ってマイコン内部にハードウェアが内蔵されていないので，すべてプログラムでI/Oポートを操作します．

リスト1 レジスタから直接I/Oポートを操作したときのソース・コード
リスト2よりも10倍速い！

```
boolean tck_pulse_in(boolean tdidata)
{
        boolean ret = (PIND & tdoBit) == tdoBit;
        if(tdidata)
                PORTD |= tdiBit;
        else
                PORTD &= ~tdiBit;
        PORTD |= tckBit;
        PORTD &= ~tckBit;

        return ret;
}
```

リスト2 リスト1と同じ動作をArduino IDEで用意されている digitalRead/digitalWrite関数でさせたときのソース・コード

```
boolean tck_pulse_in(boolean tdidata)
{
        boolean ret = digitalRead(tdoPin);
        digitalWrite(tdiPin, tdidata);
        digitalWrite(tckPin, 1);
        digitalWrite(tckPin, 0);

        return ret;
}
```

● コンフィグレーションと測定データの転送はオリジナル関数で10倍高速化

Arduinoには I/Oポートを操作するための便利な関数，digitalWriteとdigitalReadがあるのですが，簡単に使える反面，本来のI/Oポートの操作をする前にさまざまなチェックをしているため，遅くなってしまう欠点があります．

今回は，FPGAのコンフィグレーションや測定データの送受信に時間がかかると使い勝手が悪いです．

そこで，JTAGポートを操作するプログラムを2種類用意しました．リスト1に，レジスタを直接操作するプログラムを，リスト2にdigitalWriteとdigitalReadを使ったプログラムを示します．これらのプログラムを下請け関数として，FPGAのIDCODEを読み出すときの速度を比較したところ，図4のように10倍程度の差が出ました．

ポートを直接操作した場合でもコンフィグレーションには10秒程度かかっていてそれほど速いとは言えないのですが，100秒になってはとても使う気になれません．

そこで，JTAGポートで直接レジスタを操作することにしました．Arduino IDEで問題なく動きます．

FPGAの回路

製作したFPGA内部の回路は，図1(b)に示すとおりです．実際には，アドレス生成回路とトリガ制御回路なども入っていますが，データの流れが分かりにくくなるため省略しています．

● 信号の流れ

外部から取り込まれた測定データは，まず入力レジスタに入ったあとでRAMに書き込まれます．

パソコンへデータを送るためには，RAMから出力レジスタに送り，ここでパラレル-シリアル変換して，BSCAN_SPARTAN3という機能モジュールに送ります．

BACAN_SPARTAN3はFPGAのJTAGピンと接続

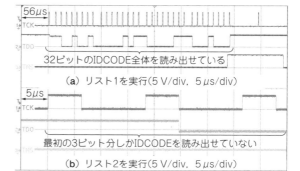

(a) リスト1を実行（5 V/div，5 μs/div）

(b) リスト2を実行（5 V/div，5 μs/div）

図4 IDCODEを読み出すときの速度比較

リスト3 BSCAN_SPARTAN3を使ったRAMデータの送信

```
always @(posedge drck1) begin
        if(capture) begin
                addrb <= 0;
        end
        else if(shift) begin
                bytecount <= bytecount + 1;
                if(bytecount==7) begin
                        addrb <= addrb + 1;
                                // 読み出し側アドレスのカウントアップ
                        memreg <= doutb;
                                // 出力レジスタに1バイト分のデータをセット
                end
        end
end

assign jtdo1 = memreg[bytecount];        // 1ビットずつTDOピンに出力
```

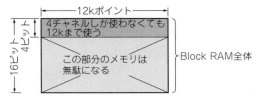

(a) 16チャネル用にはBlock RAMを構成して4チャネルだけ使用した場合

(b) 4チャネル専用にBlock RAMを構成した場合

図5 Block RAMの構成と使用状況(4チャネルのデータを取り込む場合)

されているので，データはJTAG通信でArduinoへ送られ，さらにUSBを利用した仮想COMポート経由でパソコンに送られます．

読み出し側が複雑に見えますが，実際には**リスト3**に示すような簡単なHDLコードで実現できます．

BSCAN_SPARTAN3というコンポーネントはザイリンクス社のSpartan-3シリーズ特有のものですが，ほかのシリーズにもそれぞれ対応するコンポーネントがあります．

他社のデバイスにも相応の機能をもったものがあります．例えば，アルテラ社ではVirtual JTAGという機能が提供されていて，同じようなことができます．

● 内部のRAMに測定データを放り込む

波形を取り込むRAMは，簡単に製作できるよう外部のSRAMは使わず，FPGA内部のBlock RAMだけを使っています．

今回使用したFPGA基板に搭載されているXC3S250Eには，221,184ビットのBlock RAMが内蔵されていて，ロジック・アナライザのチャネル数を16とした場合は，1チャネル当たり12kポイントのデータを取り込めます．

Block RAMは，ポート数がシングルかデュアルかなどいくつかの構成を選択できますが，今回はシンプル・デュアル・ポートRAMを使いました．

● 入力チャネル数を変えるときは再コンフィグレーションしてバス幅を最適化する

チャネル数を16に固定した場合，例えばJTAGの信号を観測するときなど4チャネルしか使わなくても，**図5**に示すように取り込めるデータ量が12kポイントで制限されます．でも，4チャネルに固定してしまうと，そんなロジック・アナライザでは使いものになりません．

動的にRAMのバス幅を変更できればよいのですが，それは無理なので，最初からRAMのデータ・バス幅を4/8/16ビットにした回路を3種類用意して，チャネル数を切り替えるときに，対応する回路データでFPGAを再コンフィグレーションする手法をとりました．

コンフィグレーションするたびに10秒程度かかりますが，頻繁にチャネル数を切り替えることはあまりないので，メリットの方が多いです．

デュアル・ポートRAMの書き込み側のデータ・バス幅は上述したとおり，4/8/16ビットの3種類ですが，読み出し側のバス幅は8ビットに固定しました．

このような構成でもCORE Generatorで生成されたデュアル・ポートRAMは，うまくデータをパッキングして出力するので，読み出す回路は1種類で済み，パソコン側では単純にデータを並べ替えるだけでそれぞれのビット幅のデータを再現できます．

● 40MHz/50MHzの水晶発振器が使える

FPGA基板に搭載する水晶発振器に，最初は手持ちの100MHz品を使っていたのですが，調べてみると国内で簡単に入手できなかったため，40MHzと50MHzのものに対応させました(**表1**参照)．

両方の水晶発振器には，DCM(Digital Clock Manager)を使ってCLK2XとCLKFXの出力を取り出し，それらを切り替えます．

CLKFXは入力の2.5倍のクロックが出力されるように設定しているので，40MHzの水晶発振器を使った場合はこちらを選択します．50MHzの場合はCLK2Xを選択します．

切り替えは，DCMの後段にあるBUFGMUXというクロック用のマルチプレクサで行っています．ただし，自動的に切り替わるわけではないので，パソコン側のプログラムで適切な設定をします．

GUIを作る

● 「REBOL」を使ってGUIを数行で作る

パソコン側で動くプログラムは，REBOL(バージョ

図6 REBOLの使用例

```
[[0 1 1 1 1 1 1 1 0 0 0 0 0 0 0 0 ···]□□□□ □ □ □
□ □ □ □] 24576 2 4 ["SCK" "SS" "MOSI" "MISO" "CH5"
"CH6" "CH7" "CH8" "CH9" "CH10" "CH11" "CH12" "CH13"
"CH14" "CH15" "CH16"] 14104 9
```

図7 取得したサンプル・データ

ンはR_2)というインタプリタ言語で書きました．詳細は付属CD-ROMに収録されているソース・コードを確認してください．

REBOLは，インターネットの各種プロトコルを最初から内蔵しているので，次のような1行でwww.rebol.comのトップページの内容をrebol.htmlというファイルに保存できます．

```
write %rebol.html read http://www.rebol.com
```

簡単なGUIであれば，数行で書けます．例えば次のコマンドをREBOLのコンソールに打ち込むと，図6のような画面が現れ，ボタンを押すとコンソールに「hello」と表示されます．

```
view layout [button "hello" [print "hello"]]
```

今回のロジアナのプログラムは，このようにボタンやスクロール・バーを並べて操作されたときのアクションを記述して作成しています．

REBOLを使わなくても，Visual Basicなどでも作成できます．

● シリアル通信解析プログラム作成のヒント

今回はSPIのデコード機能しか付けていませんが，セーブしたデータを解析することにより，他の通信規格に対応するプログラムを作ることもできます．

取得したデータは，図1の[SAVE]ボタンで保存できます．データ・フォーマットは[[CH1][CH2][CH3] … [CH16]]，トリガ・ポジション，トリガ・チャネル，チャネル数，[信号ラベル]，非表示エリア(無効データ数)，クロック周波数選択となっています．このフォーマットに従って，必要なチャネルのデータ部分を読み込んで解析します．

図7に，取得したサンプル・データを示します．

作り方

(1) Arduino基板にプログラムを書き込む

デフォルトのArduino開発環境ではマイコン・ボードのリストにダ・ヴィンチ32U基板は出てきません．事前に，販売元のストロベリー・リナックスのサイトからドライバとファームウェアが一緒になったファイルをダウンロードし，その中のboards.txtを指定さ

れたフォルダにコピーする必要があります．

(2) FPGA基板に部品を実装し，パターンをカットする

写真1に示すように，ザイリンクスのFPGAボードMFPGA-SPAR3Eに実装されているコンフィグレーションROMをJTAGチェーンから除去するために次のような加工が必要です．

- (a) JP_1というランドにはんだを盛ってショートさせる
- (b) JP_1の隣にあるR_1とU_2を接続しているパターンをカットする

プログラムが64ビット分のIDCODEを読み取って，コンフィグレーションROMをバイパスするように処理すれば，この作業は不要です．

次に，必要な部品を実装します．

- (c) 基板に付属してきたレギュレータICとコンデンサを，方向を間違えないように実装する
- (d) 40MHzまたは50MHzの水晶発振器を実装する

(3) 両方の基板をユニバーサル基板に載せる

図3の回路図を参考にJTAG信号の接続とプローブへの配線をします．

(4) Arduino基板に割り当てられたポート番号を確認する

パソコンのデバイスマネージャで確認します．

(5) ロジック・アナライザのプログラムを設定する

パソコン用のプログラムを起動し，FPGA基板に実装した水晶発振器の周波数と，(4)で調べたCOMポート番号を設定します．

(6) 測定開始

チャネル数やサンプリング周波数，トリガを設定したあと，[Capture]ボタンを押すと測定が開始します．

SPI信号をデコードする場合は，対応するチャネルの信号名をSS(Slave Select)，SCK(Serial Clock)，MOSI(Master Output，Slave Input)，MISO(Master Input，Slave Output)としてください．

信号の順序は特に関係なく，SPIの信号が連続している必要はありません．

(初出：「トランジスタ技術」2013年3月号 特集 第3実験ベンチ)

製作 15 Arduino Uno用 AVRマイコン複製アダプタ

完成したArduino+シールドをそのまま切り出せる

使用するプログラム Arduino Program15

菱 博嘉

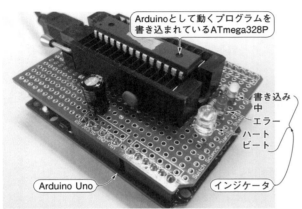

写真1 製作したArduino複製アダプタ

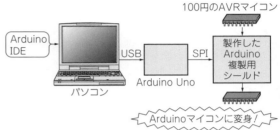

① 新品マイコンを使ってArduino用マイコンを作り溜めしておく

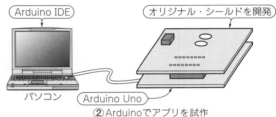

② Arduinoでアプリを試作

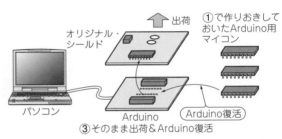

③ そのまま出荷＆Arduino復活

図1 Arduinoマイコンを量産できれば製作完成に至ったもの（Arduino+シールド）をそのまま切り出せる

■ 製作の動機

● Arduino IDEで動かせてブートローダ書き込みずみのArduinoマイコンを自分でも作れたらいいのに

写真1に示すのはATmega328Pにプログラムを書き込む基板です．

仕様
- Arduino Uno搭載マイコンATmegaに書き込まれているプログラムを新品ATmegaマイコンに書き込む
- 製作費：約1,700円

▶こんなとき

Arduino基板上にはATmega328Pが載っています．Arduinoを使った製作物を10台作るとしたら，決して安くないArduinoを10枚買うのはもったいないです．ATmega328Pだけを使って，10枚の基板を作れれば安くなります．Arduino Uno上のATmega328P（以降，Arduino ATmega）に書き込まれているプログラムを，100円ちょっとで買ってきた新品のATmega328Pへ書き込む方法があれば良いわけです．

Arduino ATmegaには0.5Kバイトのブートローダと，フューズ・ビットでブートローダ・モードにしているプログラムが書き込まれています．

▶こんな場面でも大助かり

Arduinoに搭載されているDIPのAVRマイコンを実装できるパターンを持ったシールドを用意します．

このシールドとArduinoを組み合わせてプログラムを書きます．完成したらそのプログラムが書き込まれているArduino上のAVRマイコンをArduinoから引き抜いて，シールド上のパターンに挿してはんだ付けすれば開発は見事完了です．でも，Arduino上のAVRマイコンがなくなるので，次のアプリケーションを開発できません．そんなときは，本器で複製したArduinoマイコンを挿せば，Arduinoを元に戻すことができます（図1）．

● 前機種のArduinoは外付け回路なしでArduino ATmegaのプログラムを書き込めたがUnoでは不可

Arduino（Duemilanove系とかUno）には，ATmega

自体を直接プログラムするためのICSP(In-Circuit Serial Programming)端子が実装されています．そのためアトメルのAVRライタを使えば，ブートローダを含めて任意に書き込めます．

Arduino Unoの前機種Arduino Duemilanoveでは，Arduino上のジャンパの接続で，USBブリッジIC FT232RLの動作モードを変更し，外付け回路なしでブートローダを書き込めました．

しかし，Arduino UnoのUSB-シリアル・ブリッジICにはATmega16U2(Dialog Semiconductor，元アトメル)が使われており，Arduino Duemilanoveのように単体でブートローダを書き込めません．

● Unoも外付け回路を作ればブートローダを書き込める

Arduinoのホームページには，Unoを使って新品ATmega（フューズ・ビットもデフォルトのまま）へArduino ATmegaのプログラムを書き込むためのインストラクション・ページが作られています(http://arduino.cc/en/Tutcrial/ArduinoISP)．

内容はArduino自体をSPI駆動のAVRライタにするプログラム(Arduino IDEの［ファイル］-［スケッチの例］-［ArduinoISP]）を使って，AVRをプログラムするというものです．

二つのArduinoを使ってプログラムする方法と，ブレッドボードを使う方法が紹介されています．二つのArduinoは冗長ですし，ブレッドボードを毎回組み上げるのも使いにくいので，書き込み基板を製作します．書き込みに使うArduinoはUno(R3)となります．

■ ハードウェアと改良したソフトウェア

図2に回路を，部品を表1に示します．先ほど紹介したインストラクション・ページの発振器を使ったブレッドボードの回路に，Unoに必要なオート・リセットを無効にするためのコンデンサと，インジケータLED（ハートビート，エラー，書き込み中）を追加しています．

もともとのArduino ISPのスケッチでは，ハードウェアが動いていることを表すためにLEDを点滅させています（ハートビートLED）．しかし，この動作は隠ぺいされたmain()から繰り返し呼び出されるloop()中で毎回呼び出され，毎回20msの遅延が挿入されています．書き込み動作を速めるため，タイマ割り込みで点灯させるようにスケッチを改造しました．

リスト1にオリジナルとの違いを示します．このソフトウェアの改造により，Unoへのブートローダの書き込み時間を，もともとの30秒強から25秒弱まで高速化しました．ハートビートLEDは，書き込みが終了すると停止するようにしています．

■ ブートローダを書き込む手順

製作した書き込み基板を使って，プログラムが書き込まれていないATmegaにArduinoのブートローダを書き込んでみましょう．手順は次のとおりです．

(1) スケッチArduino ISP.inoをArduino Unoに書き込む（製作したシールドは装着しない）
(2) Arduino Unoをパソコンから外して製作したシールドを装着する
(3) 空のATmegaを書き込み用シールドの書き込み用ソケットに装着する（向きに気を付けること）

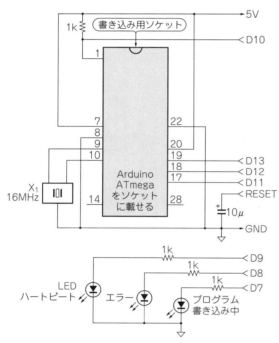

図2 Arduino書き込み用シールドの回路

表1 書き込み用シールドの部品表

部品名	個数	購入先
シールド用ユニバーサル・ボード	1	スイッチサイエンス
インライン・ピン・ヘッダ	適宜	シールドに同梱の場合は不要
28ピン用ZIFソケット	1	秋月電子通商など
LED（色は適宜）	3	
0.1μF積層セラミック・コンデンサ	1	
10μF以上，16V電解コンデンサ	1	
1kΩ，1/8W抵抗	4	
セラミック・レゾネータ16MHz（キャパシタ内蔵型）	1	
配線材	適宜	－

リスト1　Arduino ISPのオリジナル・スケッチと作成したスケッチの違い
diff出力．Mac OSXの例

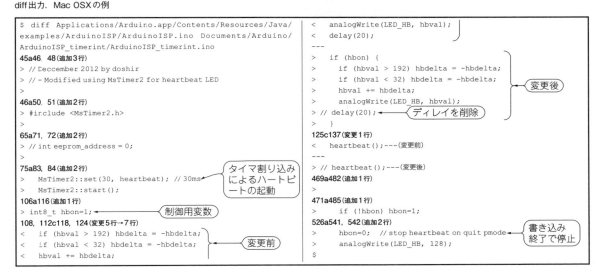

(4) Arduino Unoをパソコンに接続し，IDEの［ツール］-［書込装置］で［Arduino as ISP］を選択する

(5) IDEの［ツール］-［マイコンボード］から，書き込みたいブートローダのボードを選ぶ

(6) ［ツール］-［ブートローダを書き込む］を選ぶと書き込みが行われる（図3）

(7) エラーが発生すると，error LEDが点灯する

(8) 書き込み動作をしているとき（Arduinoがコマンドを受け付けているとき）はPMODE LEDが点灯する．IDE側では「マイコンボードにブートローダを書き込んでいます…」と表示される

(9) 書き込みが終了すると，PMODE LEDが消灯してハートビートLEDの明滅が停止し，IDEでは「ブートローダの書き込みが完了しました．」と表示される

あとは動作を確認するだけです．これで組み込み動作用のArduino ATmegaをどんどん作れます．

● 紹介した手順による書き込みは正規品と同じ

紹介した手順での書き込みは，元にしたソースのコメントを見ると，AVRの正規書き込み器STK500 v1とプロトコル互換とのことです．Arduino IDEから，書き込み器用プログラムAvrdudeに渡されるコマンドライン・パラメータには，stk500 v1が指定されています．

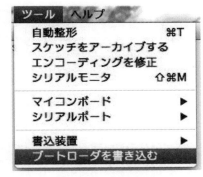

図3　書き込みスタート時のArduino IDEの画面

製作した書き込み器を使えば，ブートローダをディセーブルにして瞬間起動させるArduino ATmegaも作れます．コマンドラインは次のとおりです．

```
$ ./avrdude -C/(avrdude.confへのパス)/
avrdude.conf -patmega328p -
cstk500v1 -P/dev/tty.usbmodem1421 -
b19200 -Uhfuse:w:0xd9:m
```

ただし，avrdudeのコマンドライン・オプション"-C"はavrdude.confへのパス，"-P"は接続デバイス・ポートです．ユーザの環境に依存します．

（初出：「トランジスタ技術」2013年3月号 特集 第4実験ベンチ）

索 引

【記号・数字】
3.3 V駆動品 …………………………………………… 15
32ビット・マイコン …………………………………… 5
5 V駆動品 ……………………………………………… 15
8ビット・マイコン …………………………………… 5

【アルファベット】
AC リレー ……………………………………………… 65
AD7705 ………………………………………………… 32
ANT ……………………………………………………… 10
Arduino ……………………………………………… 5, 11
Arduino Fio …………………………………………… 15
Arduino IDE ……………………………………… 12, 25
Arduino Leonardo …………………………………… 16
Arduino MEGA ……………………………………… 15
Arduino Nano ………………………………………… 15
Arduino Pro …………………………………………… 15
Arduino Pro Mini ……………………………… 15, 117
Arduino Uno R3 ……………………………………… 13
Arduino 言語リファレンス …………………… 12, 19
Arduino 互換機 ……………………………………… 15
ATmega32U4 チップ ………………………………… 16
AVRマイコン ………………………………………… 11
A-D コンバータ ………………… 22, 29, 32, 50, 129
Bluetooth Low Energy ……………………………… 10
BNC コネクタ …………………………………… 49, 56
CMOS OPアンプ ……………………………………… 60
CW/CCW ………………………………………… 79, 84
delay( ) ………………………………………………… 20
digitalWrite( ) ………………………………………… 20
Dサブ9 ピン ………………………………………… 113
DDS(ダイレクト・ディジタル・シンセシス) … 102
EEPROM ………………………………………… 65, 75
ESD 対策 ……………………………………………… 60
FT232RL ……………………………………………… 17
gnuplot ………………………………………………… 123
HEX ファイル ………………………………………… 27
I²C インターフェース ……………………………… 17
I²C デバイス ………………………………………… 113
ICSP(In-Circuit Serial Programming) ………… 140
JTAG インターフェース …………………………… 135
K型熱電対センサ …………………………………… 63
LilyPad Arduino ……………………………………… 16
loop( ) …………………………………………………… 20
LPガスの消費量 ……………………………………… 7
microSD ………………………………………………… 79
microSD シールド …………………………………… 80
pH ……………………………………………………… 59
pinMode( ) …………………………………………… 20
Processing ………………………………… 6, 51, 111
Pulsense ………………………………………………… 9
PWM …………………………………………………… 23
RCサーボモータ ……………………………………… 73
REBOL ……………………………………………… 137
RS-232-C ……………………………………………… 115
RTC モジュール ……………………………………… 81
Shield ………………………………………………… 12
Sketch ………………………………………………… 12
SPIデータ・デコード …………………………… 134
SPI 信号 ……………………………………………… 138
SPIインターフェース ………………………………… 17
SPIライブラリ ……………………………………… 33
SSR(Solid State Relay) …………………………… 62
Timer2割り込み ……………………………………… 99
UI(User Interface)シールド ……………………… 63
USB ケーブル ……………………………………… 113
USB-シリアル変換モジュール …………………… 17
USB-シリアル・ブリッジIC ……………………… 140
Wprogram.h …………………………………………… 28
XBee モジュール ……………………………………… 15
ΔΣ型 …………………………………………………… 32

【あ・ア行】
アクチュエータ ……………………………………… 93
圧力センサ ……………………………………………… 9
アナログ・モジュール ……………………………… 7
アナログ出力 ………………………………………… 14
アナログ入力端子 …………………………………… 14
アナログ・フロントエンド ………………………… 42
アベレージ時間 ……………………………………… 57
暗電流 ………………………………………………… 54
インジケータLED ………………………………… 140
インスタンスの初期化 …………………………… 119
インスツルメーション・アンプ …………………… 68
インダクタンス負荷 ………………………………… 94
インタプリタ言語 ………………………………… 138
インバータ …………………………………………… 93
ウォッチドッグ・タイマ …………………………… 86
薄膜白金温度センサ ………………………………… 31
オーバシュート …………………………………… 128
オフセット誤差 ……………………………………… 45

【か・カ行】
ガーディング ………………………………………… 47
ガード ………………………………………………… 47
回折格子 ……………………………………………… 88
拡張ボード …………………………………………… 14
角度センサ …………………………………………… 79
確度 …………………………………………………… 44
カスケード接続 …………………………………… 115
活動量計 ………………………………………………… 9
過負荷 ………………………………………………… 96
基準電圧 …………………………………………… 127
基準電圧源 …………………………………………… 33
起動電流 ……………………………………………… 78
基板 …………………………………………………… 33
吸光分析 ……………………………………………… 87
極性切り替え方式 …………………………………… 99
空中配線 ……………………………………………… 49
屈曲耐久試験 ………………………………………… 73
駆動周期 ……………………………………………… 77
駆動電流値 …………………………………………… 77
計装アンプ ……………………………………… 68, 70
ゲイン誤差 …………………………………………… 58
ゲージ電圧 ……………………………………………… 8
ケーブル・チェッカ ……………………………… 113
降圧回路 ……………………………………………… 96
高温維持 ……………………………………………… 10
校正 …………………………………………………… 35
校正データ ………………………………………… 131
高周波回路 ………………………………………… 101
高入力インピーダンス・プリアンプ ……………… 59
国際温度目盛ITS-90 ………………………………… 36
コマンドライン・パラメータ …………………… 141
コンダクティブ・スレッド ………………………… 16
コンパイル …………………………………………… 27

【さ・サ行】

- サーミスタ······31
- 最小パルス幅······19
- 最大周波数······112
- 最大電流······122
- 作動耐久試験······73
- 差動入力······33
- シールド······12, 14, 47, 49
- シールド・ケース······50
- 自動温度調節器······61
- 自動計測······7
- シャント方式······41
- 住宅工学······8
- 重量物計測方式······7
- 受光特性······54
- 受光システム······8
- 出力電圧特性······21
- 出力電流······20
- 昇圧回路······96
- 照度センサ······91
- 商用電源······57
- 食品工学······8
- シリアル・モニタ······75, 103
- シリアルポート······26
- 心拍数······9
- スイッチ・キャパシタ電圧コンバータ······70
- スケッチ······12
- ストレイン・ゲージ······7
- 正弦波発生回路······96
- 生命科学······9
- 積分回路······37, 38
- 絶縁抵抗計······53
- 接触抵抗······66
- 絶対最大定格······21
- ゼロ・オフセット······70
- 繊維工学······10
- 挿抜試験······73
- ソフトウェア・ループ······99
- ソフトスタート······99
- シフトレジスタ······113
- ソレノイド······67

【た・タ行】

- 耐久性試験······65
- ダイナミック・レンジ······101
- 弾性······7
- 断線······114
- 超高入力インピーダンス······91
- 超低消費電力無線······10
- 通過特性······103
- ディジタルI/O端子······14
- ディジタル化······6
- ディジタル分解能······7
- 定電流回路······68, 123, 126
- 手作り実験······5
- デューティ比······23
- 電圧トランス(VT)······126
- 電圧電流の実効値······129
- 電源端子······16
- 電子技術の素材化······5
- 点滅間隔······20
- 電流トランス(CT)······126
- 電流検出抵抗······68
- 電流雑音······43
- 電流制限用抵抗······21
- 電流センス抵抗······43
- 電流増幅用のバッファ(U_{5B})······21
- 電流測定······41
- 電流ノイズ······41
- 統合開発環境······25
- 同軸ケーブルの電流ノイズ······55
- 同軸コネクタ······104
- 糖度······8
- トライアキシャル・コネクタ······48
- トランジスタ・アレイ······117
- トリガ信号······19
- トレーサビリティ······43

【な・ナ行】

- 内部抵抗値······42
- 二酸化炭素濃度······9
- 入出力インピーダンス······101
- 入出力の処理時間······22
- 熱雑音······43
- 熱電対······31
- ネットワーク・アナライザ······101

【は・ハ行】

- バイアス電流······45
- 白金測温抵抗体······30
- 発光分析······87
- 半導体温度センサ······31
- 半導体リレー······62
- 反復運動······73
- ビーム光源······8
- 光スペクトル分析······87
- 微小電流メータ······37
- ピット(凹凸)······89
- 表示分解能······44
- フィードバック方式······42
- ブートローダ······139
- フォトダイオード······91
- フォトカプラ······81
- 負荷定電流値······130
- フラックス······61
- ブリッジ······99
- ブリッジ回路······7, 29, 31
- フルスケール······44
- ブレッドボード······82
- プロトコル互換······141
- 分析用光源······90
- 平均電流······39
- 偏光フィルタ······8
- 方向性結合器······102
- ポテンショメータ······79

【ま・マ行】

- マルチプレクサIC······85
- メカ・スイッチ······65
- モノクロ・メータ······88
- 漏れ電流······41

【や・ヤ行】

- 実効電圧······128
- 実効電流······128
- 有効電力······128
- ユニバーサル基板······45
- 四端子法······67

【ら・ラ行】

- ライブラリ······11, 28
- ラッピング・ワイヤ······63
- リアルタイム・クロック······81
- リプル(脈動成分)······122
- リターン・ロス······103
- リレー······66
- 燐青銅板······96
- 連続スペクトル······90
- ローパス・フィルタ······108
- ログ・アンプ······102, 104, 108
- ロジック・アナライザ······133
- ロック電流判定······77

【わ・ワ行】

- ワイヤードOR······117

〈監修者紹介〉
二上 貴夫(ふたがみ・たかお)

　㈱東陽テクニカ事業戦略室 参事(ソフトウェア研究開発担当)，NPO法人SESSAME理事を兼務．1978年より東陽テクニカにて核燃料γ線解析，放射線医学，自動車音振動解析，ディジタル機器などの試験計測ソフトウェア開発に従事．現在，組み込みソフト開発コンサルタントとして英国MISRAや米国IICコンソーシアムのリエゾンを務める．教育分野では，東海大学教授(2007-2011)，現在も九州大学，筑波大学などで組み込み技術教育を行う．

- ●**本書記載の社名，製品名について** ― 本書に記載されている社名および製品名は，一般に開発メーカーの登録商標または商標です．なお，本文中では ™，®，© の各表示を明記していません．
- ●**本書掲載記事の利用についてのご注意** ― 本書掲載記事は著作権法により保護され，また産業財産権が確立されている場合があります．したがって，記事として掲載された技術情報をもとに製品化をするには，著作権者および産業財産権者の許可が必要です．また，掲載された技術情報を利用することにより発生した損害などに関して，CQ出版社および著作権者ならびに産業財産権者は責任を負いかねますのでご了承ください．
- ●**本書付属のCD-ROMについてのご注意** ― 本書付属のCD-ROMに収録したプログラムやデータなどを利用することにより発生した損害などに関して，CQ出版社および著作権者は責任を負いかねますのでご了承ください．
- ●**本書に関するご質問について** ― 文章，数式などの記述上の不明点についてのご質問は，必ず往復はがきか返信用封筒を同封した封書でお願いいたします．勝手ながら，電話でのお問い合わせには応じかねます．ご質問は著者に回送し直接回答していただきますので，多少時間がかかります．また，本書の記載範囲を越えるご質問には応じられませんので，ご了承ください．
- ●**本書の複製等について** ― 本書のコピー，スキャン，デジタル化等の無断複製は著作権法上での例外を除き禁じられています．本書を代行業者等の第三者に依頼してスキャンやデジタル化することは，たとえ個人や家庭内の利用でも認められておりません．

JCOPY 〈社〉出版者著作権管理機構委託出版物
本書の全部または一部を無断で複写複製(コピー)することは，著作権法上での例外を除き，禁じられています．本書からの複製を希望される場合は，〈社〉出版者著作権管理機構(TEL：03-3513-6969)にご連絡ください．

CD-ROM付き

研究で役立つ　パソコン計測アナログ回路集

編　集	トランジスタ技術SPECIAL編集部	2016年1月1日発行
発行人	寺前 裕司	©CQ出版株式会社 2016
発行所	CQ出版株式会社	(無断転載を禁じます)
	〒112-8619　東京都文京区千石4-29-14	
電　話	編集 03-5395-2148	定価は裏表紙に表示してあります
	広告 03-5395-2131	乱丁，落丁本はお取り替えします
	販売 03-5395-2141	編集担当者　高橋 舞
振　替	00100-7-10665	DTP・印刷・製本　三晃印刷株式会社
		Printed in Japan